わかりやすい
電磁気学

脇田和樹／小田昭紀／清水邦康 共著

ムイスリ出版

はじめに

電磁気学は物理学の基礎であるだけでなく，現在の産業分野に広く応用されており，電気系学生だけでなく，その他の関連分野の学生にも必要とされる大切な学問である。しかし，電磁気学では電界や磁界のような場を取り扱うこともあり抽象的な内容も多く，また厳密な理解のためには微積分やベクトルなどの数学を駆使する必要があり，初学者には難解とされている。

本書では，電磁気学の法則などの世界の共通語でもある数式を眺めることにより，その物理現象が頭に描けるように執筆をしており，また電磁気学における物理現象を多くの図を用いて直観的に理解できることも目指している。そして，数学的な取り扱いも詳しく導くことにより，スムーズに数式の理解が得られるよう充分に配慮している。

したがって，工学系の大学生や高専学生など幅広い人たちに利用して頂くことを目指しているので，電磁気学を理解する適切な書となるものと考えている。

また，本書を執筆するにあたり多くの先達たちの良書を参考にさせて頂いたが，『やくにたつ電磁気学』の著者，平井紀光先生には図面の多くに関して特別のご配慮を頂いたことを，ここに感謝申し上げる次第である。

最後に，本書を出版するに際して根気よくご尽力頂いたムイスリ出版の橋本豪夫氏をはじめ皆さんに感謝する。

2017 年春

著　者

目　次

第1章 序論

電磁気による自然現象は，身近なところも含めさまざまな場所で現れ慣れ親しんでおり，また電磁気による現象は現代産業の隅々にまで応用されている。電磁気の基礎をこれらの現象と関連づけて学修することは重要である。

(出所：http://free-photo.gatag.net/2014/07/30/170000.html)

1-1 電磁力

図 1.1　シャルル・ド・クーロン

図 1.2　アレッサンドロ・ボルタ

図 1.3　ハンス・エルステッド

電荷間に働く電気力は，質量間に働く万有引力と似ていて電荷の積に比例し，距離の2乗に反比例する。しかし，万有引力は引力だけであるが，電荷間に働くクーロン力は引力と斥力（反発力）がある。また万有引力に比べ非常に大きな力が働く。たとえば，国際単位系で両方の力を記述した場合，その係数はクーロン力の方が約 10^{20} 倍大きくなる。また水素原子の原子核と電子間に働く両方の力を比較すると，こちらもクーロン力の方が約 10^{40} 倍大きい。この力はミクロな領域では大きな役割を果たし，物質の物理的，化学的な性質に貢献している。

しかし，マクロな領域では，通常プラスの電荷とマイナスの電荷が釣り合って中性となっているため，われわれの周りではクーロン力によって大きなものが動いている現象をつねに観測することはない。よく体験する現象としては，2つの異なる物質を摩擦し合うと，境界を通して電荷の移動が起こり電子を失くした方は正に帯電し，他方は電子を得て負に帯電することにより，一方は他方の小片を引き付けることがある。

これまでのクーロン力は電荷が静止した場合に働く力であるが，電荷が移動するとまた別の力が働く。電荷が移動すると電流になるが，いま平行な2本の長い導線に電流を同方向に流した場合を考えてみる。このとき2本の導線には引力が働き，導線は互いに引き寄せられる。また互いに逆向きの電流を流した場合は導線に反発力が働く。これらの力は磁気力である。この平行な電流間に働く磁気力は，2本の導線に流れる電流の大きさに比例し，導線間の距離に反比例する。また2つの異なる極の磁石による引力や，同極の磁石による反発力も磁気力である。磁気力も大きな力をもち，その応用の1つがリニアモーターカーである。さらに，電荷に働く磁気力は電荷の速度に関係し，この磁気力は複雑な方向に働く。

このようにさまざまな電磁力が存在し，それぞれ特徴ある性質をもっている。このような電磁力を以降の章で詳しく学ぶ。

1-2　電磁気の歴史

電磁気に関する最初の発見は，紀元前の古代ギリシャ時代にはすでに知られていた摩擦電気と磁石であろう。つぎに，西暦100〜300年には中国で方位磁石が発見されたといわれている。記述に現れるのは11世紀の沈括による「夢渓筆談」であり，磁石の針を水に浮かべる方法を用いていた。その後，方位磁石は船乗りらによってアラビアを経由してヨーロッパに伝わり，羅針盤が開発された。その羅針盤を用いてヨーロッパでは15，16世紀にわたる大航海時代が始まる。

つぎに，年代ごとに電磁気に関する発見や発明を列記する。

図 1.4　マイケル・ファラデー

- 1663年 オットー・フォン・ゲーリッケが摩擦起電機を発明
  直径25cmの硫黄玉を作製し，これを回転させて乾いた手で接触して電気を発生させた。
- 1785〜1789年 シャルル・ド・クーロンが荷電粒子間に働く力を記述する法則を発見
- 1800年 アレッサンドロ・ボルタがボルタ（ガルヴァーニ）電池を発明
- 1820年 ハンス・エルステッドが電流の磁気作用を発見
  夜間講義の準備として電線に電流を流し，熱と光とを発生させる実験中に電流を流すことにより磁針が変化したことに気づいた。
- 1831年 マイケル・ファラデーが電磁誘導を発見
- 1864年 ジェームズ・マクスウェルが電磁理論を完成
- 1888年 ハインリヒ・ヘルツが電磁波の存在を実証
  電磁波が空間を伝播することを実証し，無線の基礎を築いた。

図 1.5　ジェームズ・マクスウェル

図 1.6　ハインリヒ・ヘルツ

これまでが電磁気の基礎となる発見・発明であり，これ以降も電磁気に関する発明は現在まで続く。

第2章 静電界

本章では，真空中にある電荷がつくる「電界」の概念を，クーロン力から導入する。また，電荷と電界の関係を示すガウスの法則を導き，それを用いた電界の求め方についてもいくつかの例を説明する。さらに，電界から導かれるポテンシャルエネルギーを導入し，電位を導く。

(提供：CERNアトラス実験グループ（加速器))

2-1 電　荷

図 2.1　琥珀のペンダント
（出典：Wikipedia より）

琥珀のギリシャ語 (elektron) が電気 (electricity) の語源である。

古代ギリシャの時代には，当時の装飾品である琥珀（こはく）を擦ると周囲の小片を引き付けることがすでに知られていた。これは摩擦によって生じた**静電気**による現象であり，頭髪をプラスチックの下敷きで擦ると髪の毛が下敷きにくっつく現象と同じである。物体がもつ電気のことを**電荷**とよび，ここで紹介した静電気現象を引き起こす原因である。この静電気現象では小片や髪の毛に**正電荷**（プラス (+) の電荷）が生じ，琥珀や下敷きに**負電荷**（マイナス (–) の電荷）が生じて互いに引き付けている。これは電荷の移動によって起こっており，正と負の電荷量は等しく，電荷の総量は変化しない。このことを**電荷の保存則**という。

また，水素原子は $+e$ の正電荷をもつ陽子と $-e$ の負電荷をもつ電子から構成されていて，ここでの e は**素電荷**という（**図 2.2**）。したがって，陽子や電子からなるすべての電荷は素電荷の整数倍であり，$\frac{1}{2}e$ や $\frac{3}{2}e$ は存在しない。このことを**電荷の量子化**という。素電荷の値は

$$e = 1.602177 \times 10^{-19} \quad [\mathrm{C}] \tag{2.1}$$

であり，電荷の単位は [C]（クーロン）である。なお，1 [C] とは 1 [A]（アンペア）の電流が 1 秒間に運ぶ電荷の量として定義されている（**図 2.3**）。

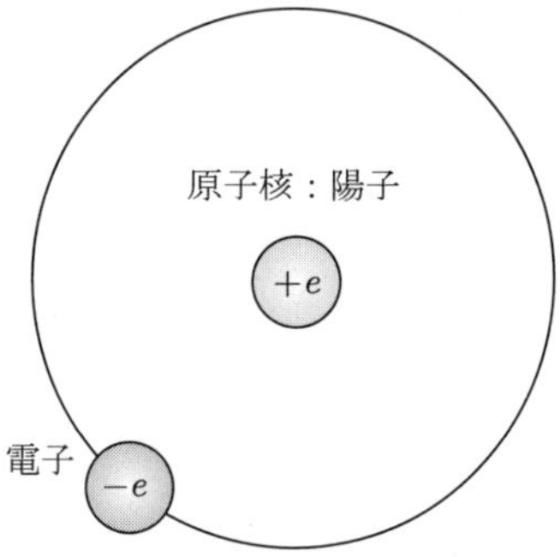

図 2.2　水素原子の電荷構造

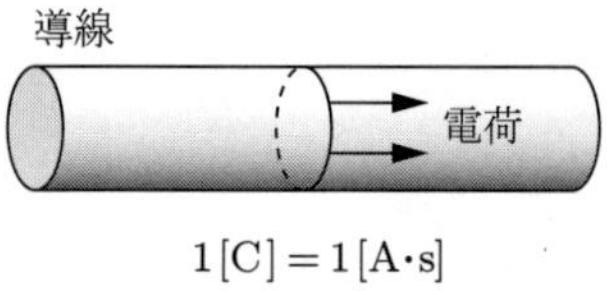

図 2.3　電荷 1 [C] と電流 1 [A] との関係

2-2 クーロンの法則

フランス人のクーロン (C. A. Coulomb, 1736–1806) は電荷間に働く力に関するつぎのような法則を見出した。距離 r 離れた 2 つの電荷 q_1 と q_2 との間には，**距離の 2 乗に反比例し，電荷の積に比例する力** F

$$F = \frac{1}{4\pi\varepsilon_0}\frac{q_1 q_2}{r^2} \tag{2.2}$$

が働く。また，力は 2 つの電荷を結ぶ直線状に働き，$q_1 q_2 > 0$ の場合では斥力（反発力），$q_1 q_2 < 0$ の場合では引力となる。この法則を**クーロンの法則**といい，電荷間に働く力を**クーロン力**とよぶ。ここでは**国際単位系**（SI 単位系）を用いて式 (2.2) を表した。また定数 ε_0 は**真空の誘電率**とよばれ，

力の単位は [N]（ニュートン）であり，1 [N] = 1 [kg · m/s^2] である。これは $F = m\alpha$ に対応している。ここで m は質量，α は加速度である。

$$\varepsilon_0 = 8.854 \times 10^{-12} \quad [\mathrm{C^2/(N \cdot m^2)}] \tag{2.3}$$

である。クーロン力の数値計算を行う場合

$$\frac{1}{4\pi\varepsilon_0} = 9.00 \times 10^9 \quad [\mathrm{N \cdot m^2/C^2}] \tag{2.4}$$

を用いると便利であり，式 (2.2) は

$$F = 9.00 \times 10^9 \times \frac{q_1 q_2}{r^2} \quad [\mathrm{N}] \tag{2.5}$$

と表すことができる。

SI 単位系の基本単位として，長さは [m]（メートル），質量は [kg]（キログラム），時間は [s]（秒），電流は [A] である。SI 単位系では力の単位は [N]（ニュートン）である。

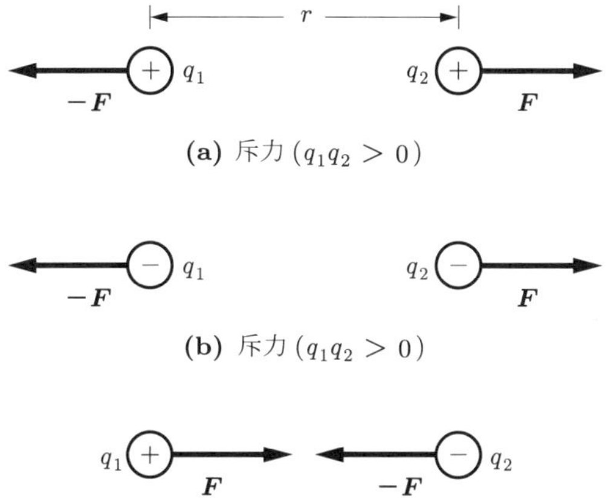

(a) 斥力 ($q_1 q_2 > 0$)

(b) 斥力 ($q_1 q_2 > 0$)

(c) 引力 ($q_1 q_2 < 0$)

図 2.4　距離 r 離れた 2 つの電荷 q_1 と q_2 に働く力 $\boldsymbol{F}$

【例題 2.1】　真空中に 2.0 [C] と 3.5 [C] の 2 つの点電荷が 20 [cm] 離れて存在するとき，その電荷間に働くクーロン力の大きさと向きを求めなさい。

解答　$F = \dfrac{1}{4\pi\varepsilon_0}\dfrac{q_1 q_2}{r^2} = 9.00 \times 10^9 \times \dfrac{2.0 \times 3.5}{(0.2)^2}$

$= 1.58 \times 10^{12} \quad [\mathrm{N}]$

2 つの点電荷に働く力の大きさは等しく 1.58×10^{12} [N] であり，力の向きは，2 つの点電荷を結ぶ直線上をお互い遠ざかる方向（斥力）である。

クーロンの法則のベクトル表示

力は大きさと向きをもったベクトル量であるので，クーロン力もベクトルである。**図 2.5** のように，電荷 q および q_i の O 点からのそれ

ぞれの位置ベクトルを $\boldsymbol{r}, \boldsymbol{r}_i$ とすると，q_i から q への位置ベクトルは $\boldsymbol{r}-\boldsymbol{r}_i$ である。したがって，$\boldsymbol{r}-\boldsymbol{r}_i$ 方向の単位ベクトル $\boldsymbol{n}$ は

$$\boldsymbol{n} = \frac{\boldsymbol{r}-\boldsymbol{r}_i}{|\boldsymbol{r}-\boldsymbol{r}_i|} \tag{2.6}$$

と表すことができるので，q_i から q へ働く力のベクトル表示 $\boldsymbol{F}_i$ は

$$\boldsymbol{F}_i = \frac{qq_i}{4\pi\varepsilon_0}\frac{\boldsymbol{r}-\boldsymbol{r}_i}{|\boldsymbol{r}-\boldsymbol{r}_i|^3} \quad [\mathrm{N}] \tag{2.7}$$

となる。

$$\begin{aligned}\boldsymbol{F} &= \frac{qq_i}{4\pi\varepsilon_0}\frac{\boldsymbol{r}-\boldsymbol{r}_i}{|\boldsymbol{r}-\boldsymbol{r}_i|^3} \\ &= \frac{qq_i}{4\pi\varepsilon_0}\frac{1}{|\boldsymbol{r}-\boldsymbol{r}_i|^2}\frac{\boldsymbol{r}-\boldsymbol{r}_i}{|\boldsymbol{r}-\boldsymbol{r}_i|} \\ &= \frac{qq_i}{4\pi\varepsilon_0}\frac{1}{r^2}\boldsymbol{n}\end{aligned}$$

ここで，$r=|\boldsymbol{r}-\boldsymbol{r}_i|$ であり，$\boldsymbol{n}$ は式 (2.6) で示した単位ベクトルである。

いま，q_i の電荷が $q_1, q_2, q_3, \cdots, q_n$ と n 個ある場合，q に働くクーロン力は

$$\boldsymbol{F} = \sum_i^n \boldsymbol{F}_i = \frac{q}{4\pi\varepsilon_0}\sum_i^n \frac{q_i(\boldsymbol{r}-\boldsymbol{r}_i)}{|\boldsymbol{r}-\boldsymbol{r}_i|^3} \quad [\mathrm{N}] \tag{2.8}$$

$$\begin{aligned}\boldsymbol{F} &= \boldsymbol{F}_1 + \boldsymbol{F}_2 + \cdots + \boldsymbol{F}_n \\ &= \sum_i^n \boldsymbol{F}_i \\ &= \frac{qq_1}{4\pi\varepsilon_0}\frac{\boldsymbol{r}-\boldsymbol{r}_1}{|\boldsymbol{r}-\boldsymbol{r}_1|^3} \\ &\quad + \frac{qq_2}{4\pi\varepsilon_0}\frac{\boldsymbol{r}-\boldsymbol{r}_2}{|\boldsymbol{r}-\boldsymbol{r}_2|^3} \\ &\quad + \cdots + \frac{qq_n}{4\pi\varepsilon_0}\frac{\boldsymbol{r}-\boldsymbol{r}_n}{|\boldsymbol{r}-\boldsymbol{r}_n|^3} \\ &= \frac{q}{4\pi\varepsilon_0}\sum_i^n \frac{q_i(\boldsymbol{r}-\boldsymbol{r}_i)}{|\boldsymbol{r}-\boldsymbol{r}_i|^3}\end{aligned}$$

と記述できる。これは，q に働く力はそれぞれの電荷によって働く力のベクトル和として表されることを示しており，実験によって確かめられている。このことを力の**重ね合わせの原理**という。したがって，q の電荷に q_1 と q_2 の電荷が，クーロン力 $\boldsymbol{F}_1$ と $\boldsymbol{F}_2$ に及ぼす場合のベクトル和 $\boldsymbol{F}=\boldsymbol{F}_1+\boldsymbol{F}_2$ は，**図 2.6** に示すようなベクトル和となる。

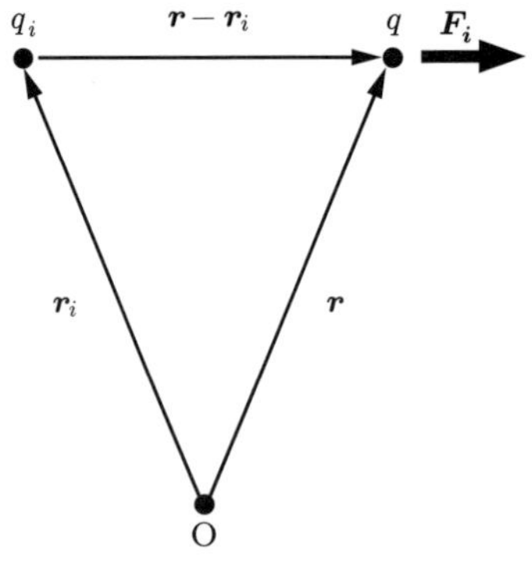

図 2.5　電荷 q_i により電荷 q に働くクーロン力のベクトル $\boldsymbol{F}_i$

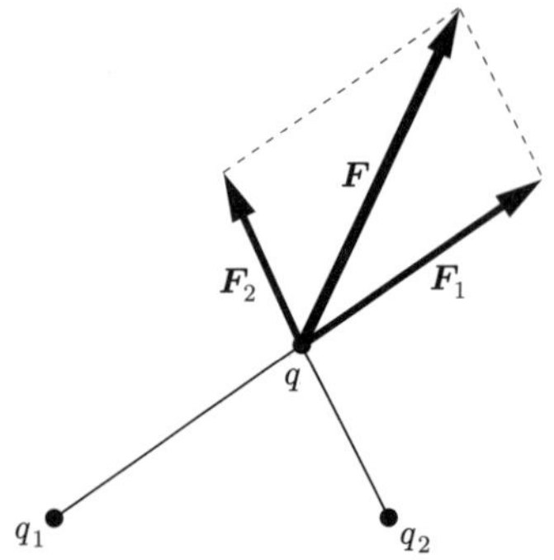

図 2.6　ベクトル和 $\boldsymbol{F}=\boldsymbol{F}_1+\boldsymbol{F}_2$

2-3 電　界

前節では 2 つの電荷がお互いに及ぼすクーロン力について学んだ。これは 2 つの電荷が空間を隔てた力の作用ではあるが，実際に力が生じることからイメージしやすいので，これから学ぶ電界を理解する助けとして，再びクーロン力を考えよう。

2 つの電荷 q と q_1 があり，q_1 によって q はクーロン力 $\boldsymbol{F}$ を受けているとする。この現象をつぎのように考える。まず q_1 のみが存在しており，その q_1 によって周りの空間に新たな電気的状況を作り出している。そこに q の電荷がやってくると，q_1 が作り出したその電気的状況によって $\boldsymbol{F}$ の力を受ける（**図 2.7**）。この電気的状況が**電界**（電場）である。

Electric field は工学の分野では電界と訳されるが，物理の分野では電場という。

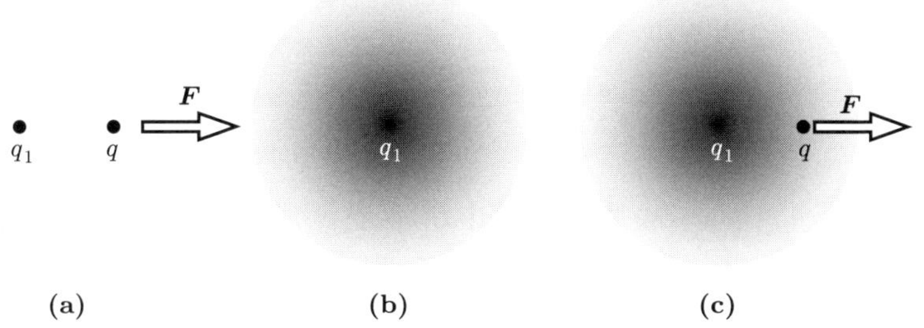

図 2.7　電界によるクーロン力の発生

電界の場の概念は，重力の場の概念から考えるとわかりやすい。地球という質量が存在することにより，地球の周りに重力の場を作り出している。そのため，空中で手からボールを離すとボールは引力により床（地面）に落ちる。

これまで説明した点電荷による電界 $\boldsymbol{E}_i(r)$ を，式 (2.7) を用いてつぎのように表す。

$$\boldsymbol{F}_i = q\boldsymbol{E}_i(r) \quad [\mathrm{N}] \tag{2.9}$$

$$\boldsymbol{E}_i(r) = \frac{q_i}{4\pi\varepsilon_0}\frac{\boldsymbol{r}-\boldsymbol{r}_i}{|\boldsymbol{r}-\boldsymbol{r}_i|^3} \quad \left[\frac{\mathrm{V}}{\mathrm{m}}\right] \tag{2.10}$$

$[\mathrm{V}] = [\mathrm{J/C}]$，$[\mathrm{J}] = [\mathrm{N\cdot m}]$
を用いて，
$[\mathrm{N/C}] = [\mathrm{J/(C\cdot m)}] = [\mathrm{V/m}]$
となる。

式 (2.9)，(2.10) に示すように電界も大きさと方向をもったベクトルである。また，電界の単位は式 (2.9) から明らかのように [N/C] であるが，後に定義する電位の単位 [V]（ボルト）を用いて [V/m] が実用

ヒント

電荷が作り出す電気的状況とは，後に出てくる電位の概念を用いて，山の高さとその傾きに対応させるとわかりやすい。

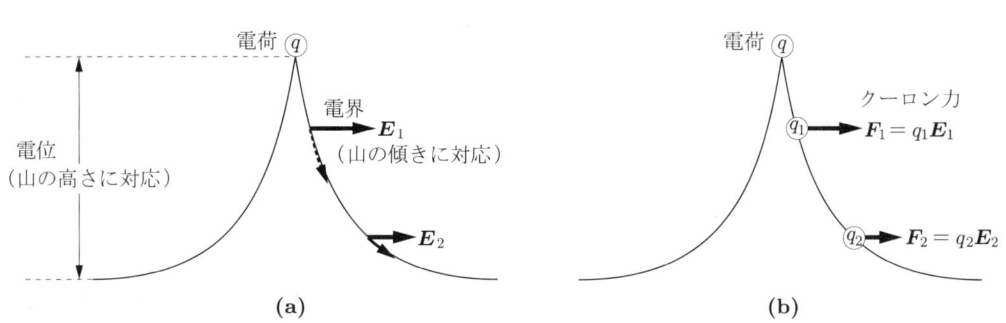

図 2.8　電荷がつくる電気的状況の電位と山の高さ，電界と山の傾きとの対応

2つの点電荷による点Pにおける電界　$\boldsymbol{E}=\boldsymbol{E}_1+\boldsymbol{E}_2$

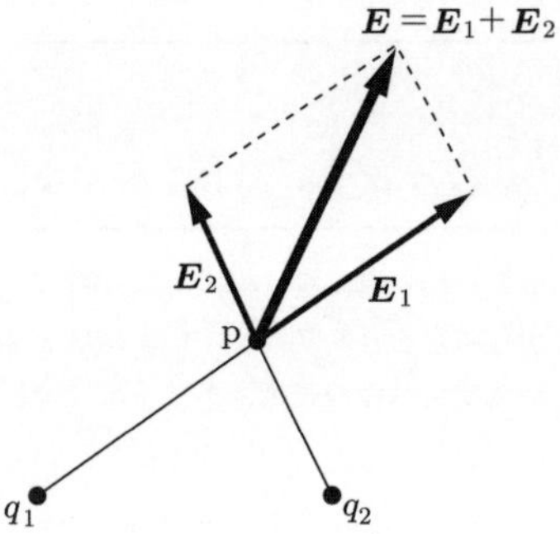

図 2.9　電界 $\boldsymbol{E}_1$ と $\boldsymbol{E}_2$ を重ね合わせた電界 $\boldsymbol{E}=\boldsymbol{E}_1+\boldsymbol{E}_2$

上よく用いられる。

また，クーロン力と同様に電界においても重ね合わせの原理が成り立つ（**図 2.9**）。したがって，複数の電荷によって電界は次式のように表すことができる。

$$\boldsymbol{E}=\sum_{i}^{n}\boldsymbol{E}_i=\frac{1}{4\pi\varepsilon_0}\sum_{i}^{n}\frac{q_i(\boldsymbol{r}-\boldsymbol{r}_i)}{|\boldsymbol{r}-\boldsymbol{r}_i|^3}\quad\left[\frac{\mathrm{V}}{\mathrm{m}}\right] \tag{2.11}$$

2-4　電気力線

空間における電界の様子を**図 2.10** のように表すことができるが，さらに視覚的にわかりやすく示すために電気力線を導入する。**電気力線**とは，電界の向きに沿った微小区間の電界の方向をつないだ曲線である。**図 2.11** に示すように電界の矢印を結ぶと電気力線になる。

電気力線の性質をつぎに示す。

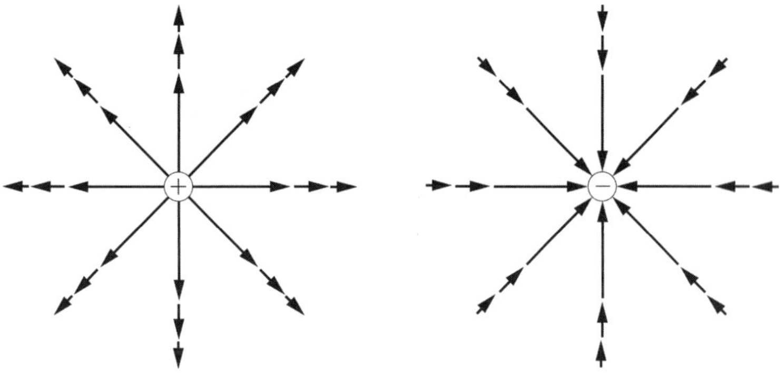

図 2.10　点電荷の周りの電界分布

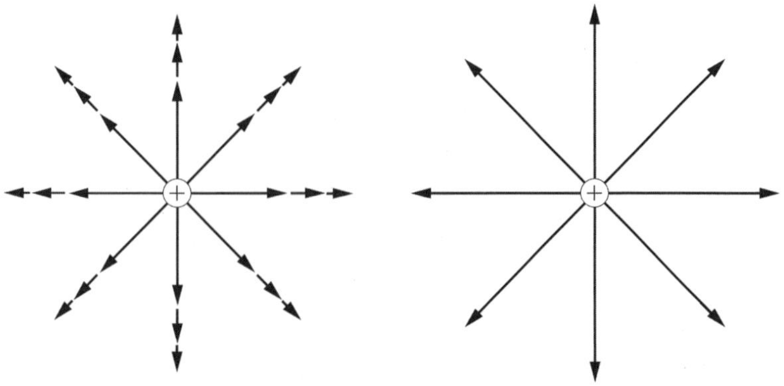

(a) 電界　　**(b)** 電気力線

図 2.11　電界と電気力線

(1) 電気力線上の接線方向が電界方向となる。

この性質は定義から明らかであり，電気力線の方向と電界の方向との関係を**図 2.12** に示す。電気力線が直線の場合（図 2.11(b)）は電界方向（図 2.11(a)）は電気力線の方向と一致する。

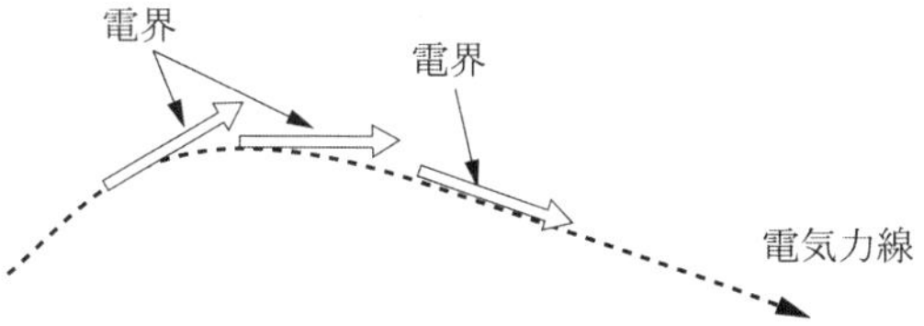

図 2.12　電気力線と電界

(2) 電気力線は正（プラス）電荷から始まり，負（マイナス）電荷で消滅する。

図 2.13 に示すように，電気力線は正電荷以外で発生することや，負電荷以外で消滅することはなく，また途中で枝分かれしない。

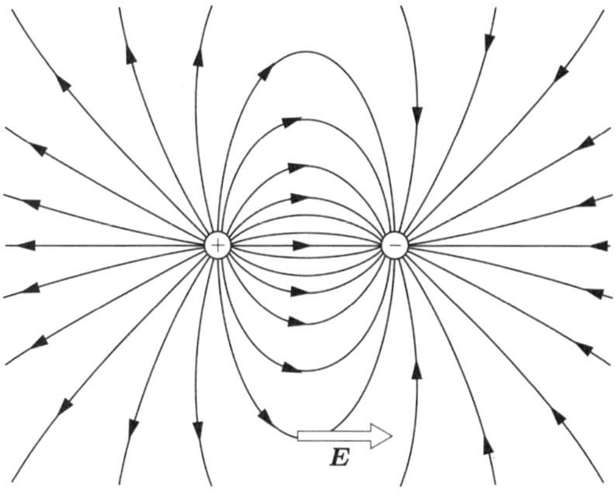

図 2.13　正電荷と負電荷との間の電気力線

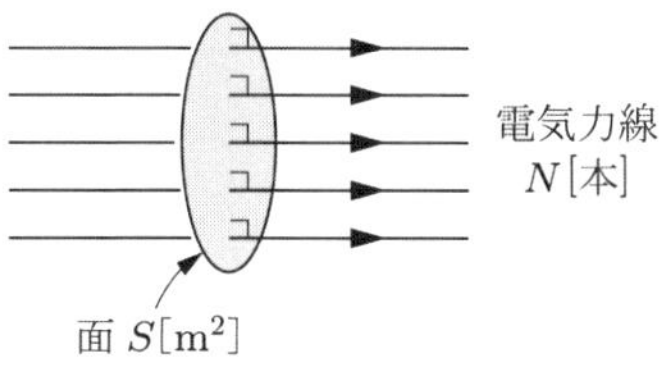

電界の強さは

$$E = \frac{N}{S}\ [\mathrm{V/m}]$$

図 2.14　電気力線の密度と電界の強さ

(3) 電気力線の密度は電界の強さを表している。

電気力線に垂直な面に対しての電気力線の本数 [本/m^2] が，電界の強さ [V/m] である（**図 2.14**）。

ここで電束について定義しよう。**電束**とはある面での電界のその面の法線成分（面に対する垂直成分）と面の面積との積の ε_0 倍である。いま，微小面積 $\mathrm{d}S$ の電束 $\mathrm{d}\Phi_e$ はその面における電界を $\boldsymbol{E}$，$\mathrm{d}S$ に垂直な単位ベクトル（法線ベクトル）を $\boldsymbol{n}$ とすると

$$\mathrm{d}\Phi_e = \varepsilon_0 \boldsymbol{E}\cdot\boldsymbol{n}\mathrm{d}S = \varepsilon_0 E_n \mathrm{d}S = \varepsilon_0 E\cos\theta \mathrm{d}S \tag{2.12}$$

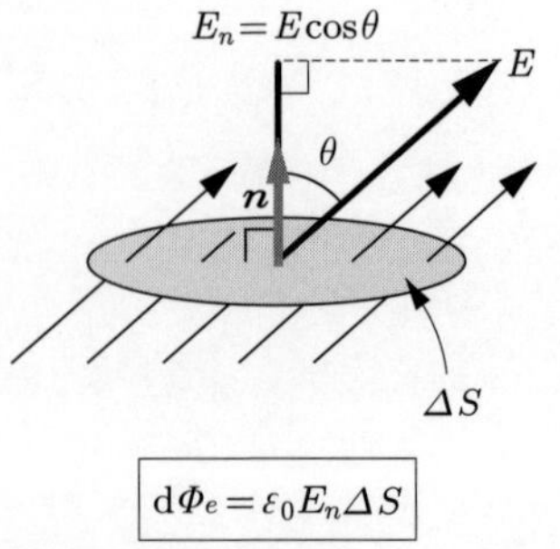

図 2.15　微小な面を通過する電束と電界との関係

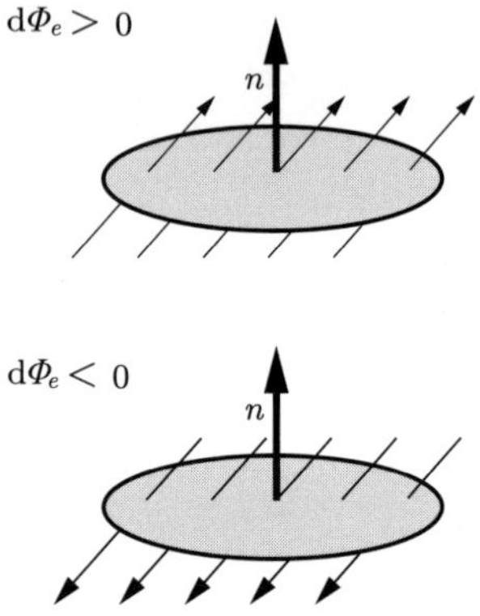

図 2.16　電束の正負

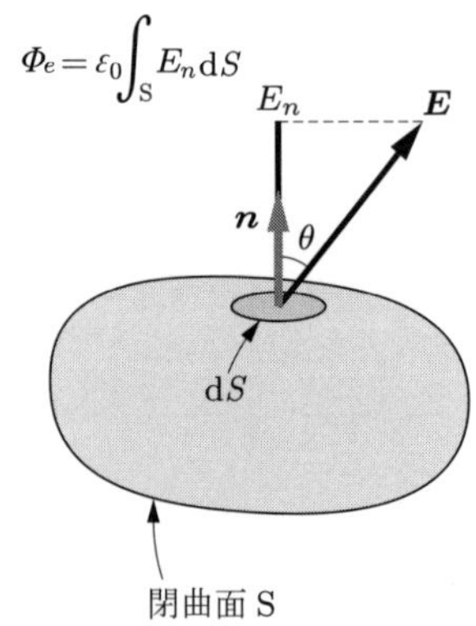

図 2.17　閉曲面からの電束

と表すことができる。ここで，E_n は電界 E の $\boldsymbol{n}$ ベクトル方向の成分，θ は電界 $\boldsymbol{E}$ とベクトル $\boldsymbol{n}$ とのなす角である（**図 2.15**）。いま，法線ベクトルと電界ベクトルが同じ面から出る方向 ($\cos\theta > 0$) であるなら，$\mathrm{d}\varPhi_e$ は正の値 ($\mathrm{d}\varPhi_e > 0$)，逆方向 ($\cos\theta < 0$) であるなら $\mathrm{d}\varPhi_e$ は負の値 ($\mathrm{d}\varPhi_e < 0$) である（**図 2.16**）。

任意の閉曲面 S を考えると，その閉曲面上での電界が一様でない場合は，閉曲面からの電束 $\varPhi_e$ は

$$\begin{aligned}\varPhi_e &= \int_{\mathrm{S}} \mathrm{d}\varPhi_e = \varepsilon_0 \int_{\mathrm{S}} \boldsymbol{E}\cdot\boldsymbol{n}\mathrm{d}S \\ &= \varepsilon_0 \int_{\mathrm{S}} E_n \mathrm{d}S = \varepsilon_0 \int_{\mathrm{S}} E\cos\theta\mathrm{d}S \quad [\mathrm{C}]\end{aligned} \tag{2.13}$$

と表すことができる (**図 2.17**)。また，このような積分を**面積分**という。

2-5　積分形式のガウスの法則

電界におけるガウスの法則では電荷と電界との関係をクーロン力からではなく，閉曲面の内部の電荷とその閉曲面での電束からつぎのように導くことができる。

「ガウスの法則とは，閉曲面から出ていく電束は閉曲面内の電荷によって決定されることを示している。」

$$\frac{\varPhi_e}{\varepsilon_0} = \int_{\mathrm{S}} E_n \mathrm{d}S = \frac{Q}{\varepsilon_0} \tag{2.14}$$

この式を，**積分形式のガウスの法則**という。

図 2.18 からわかるように，閉曲面を出て行く電気力線の本数は，電荷からの距離 r に依存せず一定である。

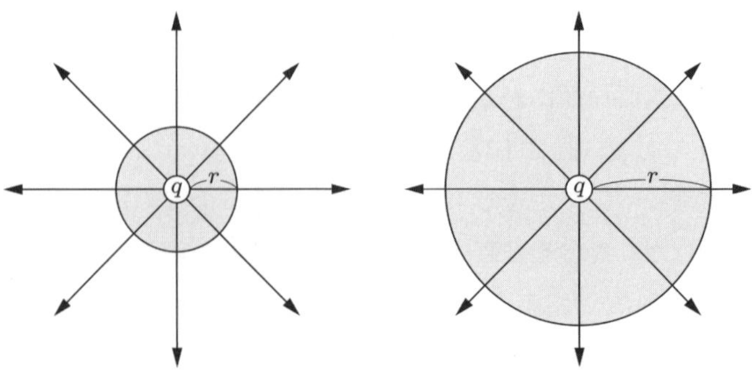

図 2.18　閉曲面内の電荷と電気力線との関係

また，閉曲面を貫く電気力線の面密度（単位面積当たりの電気力線）は球の表面積が $4\pi r^2$ だから r の 2 乗に反比例する。

閉曲面内に電荷が複数以上あるときは，閉曲面内の電荷をすべて積算して，

$$\frac{\varPhi_e}{\varepsilon_0} = \int_S E_n \mathrm{d}S = \frac{1}{\varepsilon_0}\sum_{i=1}^{n} Q_i \tag{2.15}$$

が成り立つ。また，電荷が体積 V 内に電荷密度 ρ で連続に分布しているときは,

$$\frac{\varPhi_e}{\varepsilon_0} = \int_S E_n \mathrm{d}S = \frac{1}{\varepsilon_0}\int_V \rho \mathrm{d}V \tag{2.16}$$

で与えられる。

【例題 2.2】 半径 a の球の内部に一様に電荷密度 ρ が分布していると，球の中心から距離 r における電界を求めなさい。

解答

ガウスの法則より

$$\int_S E_n \mathrm{d}S = \frac{Q}{\varepsilon_0}$$

閉曲面 S として半径 r の球をとる（**図 2.19**)。

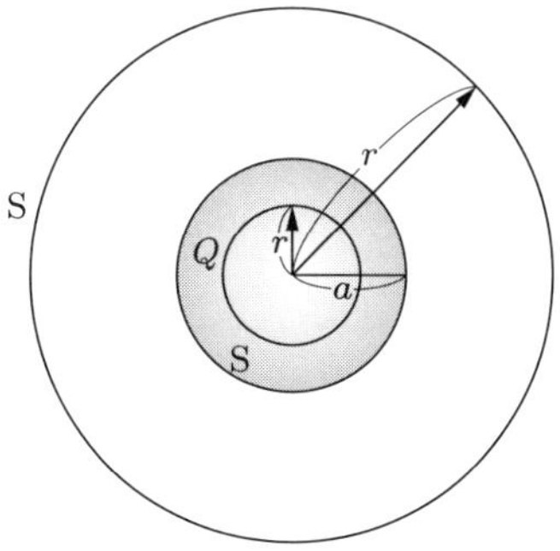

図 2.19　球電荷と閉曲面

電界は球対称であり，閉曲面 S から出ていく電界は閉曲面から垂直であり一定であるため，$E_n = E =$ 一定　であるから,

$$\int_S E \mathrm{d}S = E\underbrace{\int_S \mathrm{d}S}_{\text{(半径 } r \text{ の球の表面積)}} = E \times 4\pi r^2 = \frac{Q}{\varepsilon_0}$$

したがって，

$$E = \frac{Q}{4\pi\varepsilon_0 r^2} \quad \left[\frac{\mathrm{V}}{\mathrm{m}}\right]$$

(i) $r \leqq a$ のとき

ここで，Q は半径 r の球内の電荷［＝（体積）×（体積電荷密度）］であるため

$$Q = \frac{4}{3}\pi r^3 \rho \quad [\mathrm{C}]$$

したがって

$$E = \frac{1}{4\pi\varepsilon_0 r^2} \times \frac{4}{3}\pi r^3 \rho = \frac{r\rho}{3\varepsilon_0} \quad \left[\frac{\mathrm{V}}{\mathrm{m}}\right]$$

(ii) $r > a$ のとき

ここで，Q は半径 a の球内の電荷であるため

$$Q = \frac{4}{3}\pi a^3 \rho \quad [\mathrm{C}]$$

したがって

$$E = \frac{1}{4\pi\varepsilon_0 r^2} \times \frac{4}{3}\pi a^3 \rho = \frac{a^3\rho}{3\varepsilon_0 r^2} \quad \left[\frac{\mathrm{V}}{\mathrm{m}}\right]$$

結果として $r \leqq a$ のとき電界は r に比例し，$r > a$ のときは r^2 に反比例することがわかる（**図 2.20**）。

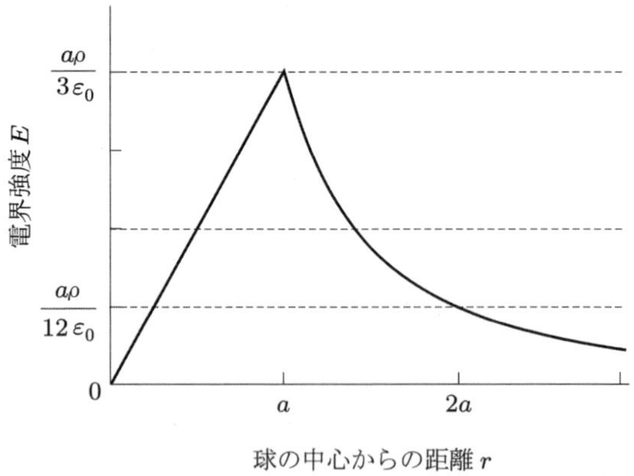

図 2.20　球の中心からの距離と電界との関係

2-6　微分形式のガウスの法則

2-5 節ではガウスの法則の積分形式について学んだが，この節では空間の各点に適用できる微分形式のガウスの法則を導出する。

ここでは**図 2.21** に示すような空間の点 $\mathrm{A}(x, y, z)$ における各辺の長さが $\Delta x, \Delta y, \Delta z$ である微小な直方体を考える。この直方体を電界が通過しているとして，前節で学んだ積分形式のガウスの法則を適用する。この場合，微小な直方体の 6 面から出ていく電界の法線成分の和 $\int_{\mathrm{S}} E_n \mathrm{d}S$ と直方体内の電荷を関係づける。

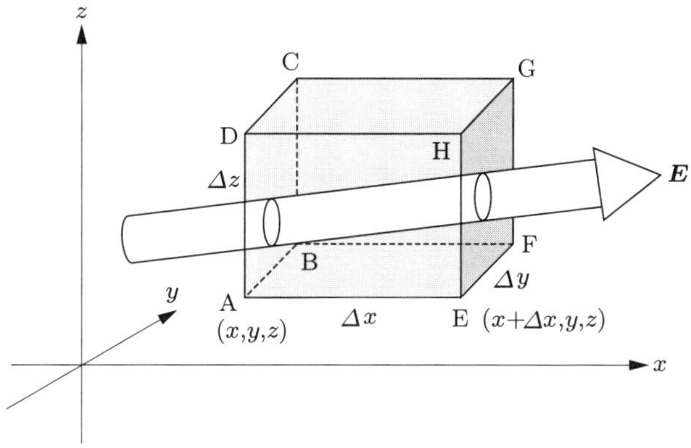

図 2.21　微小直方体と電気力線

最初に，x 軸に対して垂直な面 ABCD と面 EFGH から出ていく法線方向の電界を考えると，それぞれの面の法線方向は $-x$ と x であるので，面 ABCD に対する電界 E の法線成分 E_x はマイナス $(-E_x)$ であり，面 EFGH ではプラス (E_x) となることから，$\int_{\mathrm{S}} E_n \mathrm{d}S$ の x 成分はこれらの電界と面積 $\Delta y \Delta z$ との積である

$$\begin{aligned}
\left(\int_S E_n \mathrm{d}S\right)_x &= -E_x(x, y, z)\Delta y \Delta z + E_x(x + \Delta x, y, z)\Delta y \Delta z \\
&= \frac{E_x(x + \Delta x, y, z)\Delta x \Delta y \Delta z}{\Delta x} - \frac{E_x(x, y, z)\Delta x \Delta y \Delta z}{\Delta x} \\
&\cong \lim_{\Delta x \to 0} \left[\frac{E_x(x + \Delta x, y, z) - E_x(x, y, z)}{\Delta x}\right] \Delta x \Delta y \Delta z \\
&= \frac{\partial E_x}{\partial x} \Delta x \Delta y \Delta z \qquad (2.17)
\end{aligned}$$

y 軸，z 軸に対して垂直な面に対する $\int_{\mathrm{S}} E_n \mathrm{d}S$ の y 成分と z 成分もそれぞれ同様に

$$\left(\int_{\mathrm{S}} E_n \mathrm{d}S\right)_y = \frac{\partial E_y}{\partial y} \Delta x \Delta y \Delta z \qquad (2.18)$$

$$\left(\int_{\mathrm{S}} E_n \mathrm{d}S\right)_z = \frac{\partial E_z}{\partial z} \Delta x \Delta y \Delta z \qquad (2.19)$$

［ガウスの法則（微分系）の意味］

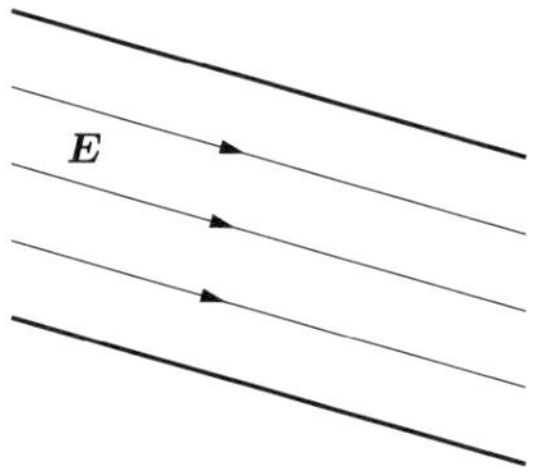

図 2.22　電荷がない場合の電界

川を流れる水は川の途中に何もなければ，水は変化しない。これと同様に電界はその場所に電荷がなければ電界は変化しない。

$$\frac{\partial E_x}{\partial x} + \frac{\partial E_y}{\partial y} + \frac{\partial E_z}{\partial z} = 0$$

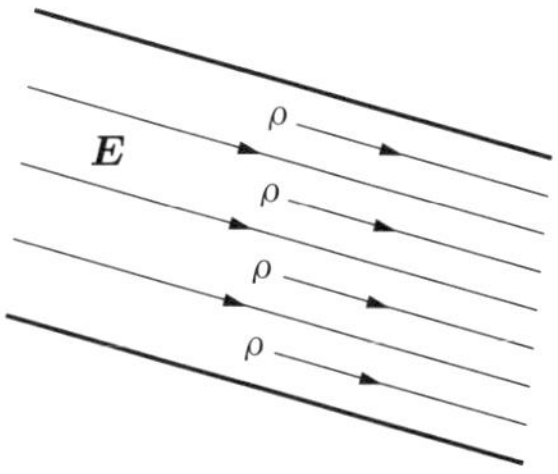

図 2.23　電荷がある場合の電界

一方，川の湧水のようにそこに電荷密度 ρ があればそこから電界は変化する。

$$\frac{\partial E_x}{\partial x} + \frac{\partial E_y}{\partial y} + \frac{\partial E_z}{\partial z} = \frac{\rho}{\varepsilon_0}$$

$\dfrac{\partial E_x}{\partial x}$ は E_x 成分の x 方向の変化量を表している。つまり，y, z を一定にしておいて x についての微分を表している。

となり，微小な直方体から出ていく電界の法線成分の和はガウスの法則より閉曲面S内の電荷 $Q = \rho\Delta x\Delta y\Delta z$ と関係づけられる。ここで，ρ は体積電荷密度である。

$$\int_{\mathrm{S}} E_n \mathrm{d}S = \left(\frac{\partial E_x}{\partial x} + \frac{\partial E_y}{\partial y} + \frac{\partial E_z}{\partial z}\right)\Delta x\Delta y\Delta z$$
$$= \frac{\rho\Delta x\Delta y\Delta z}{\varepsilon_0} \qquad (2.20)$$

上式を $\Delta x\Delta y\Delta z$ で割ると

$$\frac{\partial E_x}{\partial x} + \frac{\partial E_y}{\partial y} + \frac{\partial E_z}{\partial z} = \frac{\rho}{\varepsilon_0} \qquad (2.21)$$

が得られる。これは**微分形式のガウスの法則**である。この式は記号 div やベクトル演算子 $\boldsymbol{\nabla}$（ナブラ）を用いて

$$\mathrm{div}\,\boldsymbol{E} = \boldsymbol{\nabla}\cdot\boldsymbol{E} = \frac{\rho}{\varepsilon_0} \qquad (2.22)$$

と表すことができる。$\boldsymbol{\nabla}$ は

$$\boldsymbol{\nabla} = \boldsymbol{i}\frac{\partial}{\partial x} + \boldsymbol{j}\frac{\partial}{\partial y} + \boldsymbol{k}\frac{\partial}{\partial z} \qquad (2.23)$$

で定義されている。ここで，$\boldsymbol{i}, \boldsymbol{j}, \boldsymbol{k}$ はそれぞれ x, y, z 軸方向の単位ベクトルである。また

$$\mathrm{div}\,\boldsymbol{E} = \boldsymbol{\nabla}\cdot\boldsymbol{E} \qquad (2.24)$$

がベクトル場 $\boldsymbol{E}$ の発散（divergence）というところから div が記号化されている。

> 電界 $\boldsymbol{E}$ の発散 div$\boldsymbol{E}$ とは，div$\boldsymbol{E} > 0$ の場合は電界の湧き出し量を，div$\boldsymbol{E} < 0$ の場合は電界の吸い込み量を意味している。

2-7　電　位

最初に，点電荷 q が経路Cに沿って点Aから点Bに移動するときになす仕事量を考えよう（図 **2.24**）。いま，移動途中の点において q に加えられる力は $\boldsymbol{F}$ とすると，微小経路 $\Delta\boldsymbol{s}$ を移動することによる仕事 ΔW は $\boldsymbol{F} = q\boldsymbol{E}$ であるので，

$$\Delta W = -\boldsymbol{F}\cdot\Delta\boldsymbol{s} = -q\boldsymbol{E}\cdot\Delta\boldsymbol{s} = -qE\Delta s\cos\theta \qquad (2.25)$$

となる。ここで，θ は $\boldsymbol{F}$ または $\boldsymbol{E}$ と $\Delta\boldsymbol{s}$ とのなす角である。

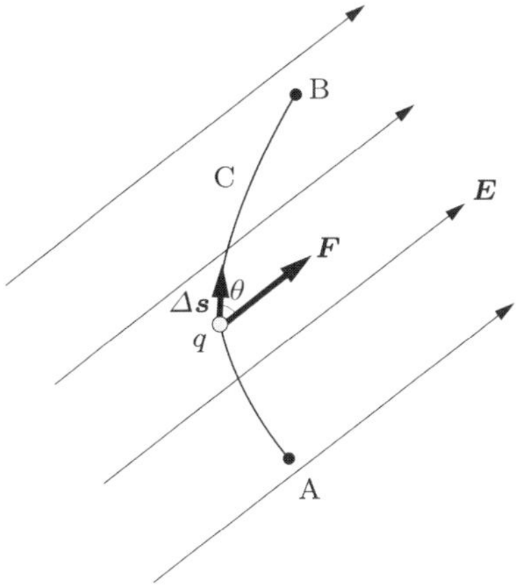

図 2.24 静電界内での電荷 q の移動

したがって，点電荷 q がこの経路を点 A から点 B まで移動すると仕事量は経路 C に沿って点 A から点 B まで積分することによって得られ

$$W_{\mathrm{AB}} = -q\int_{\mathrm{A}}^{\mathrm{B}} \boldsymbol{E}\cdot \mathrm{d}\boldsymbol{s} = -q\int_{\mathrm{A}}^{\mathrm{B}} E\cos\theta \mathrm{d}s \tag{2.26}$$

と表すことができる。このような積分を**線積分**という。

いま，一様な電界 E のもとで電荷 q を点 A から点 B まで移動させた場合の経路による仕事 W の違いについて考える（**図 2.26**）。たとえば C′ に沿って，電荷 q を点 A から点 O を通過して点 B まで移動した場合は，「仕事は，力に対して平行に移動した距離と力を掛けた量」であるから，電界に平行に点 A から点 O まで移動した仕事 $W_{C'//} = qEd$ と，その後点 O から点 B まで垂直にした仕事 $W_{C'\perp} = 0$ となり，結果 $W_{C'} = qEd$ となる。また，C″ に沿って点 A から点 B までの曲線を階段状に移動した場合は，電界に平行である仕事は $W_{C''//} = qE(d_1+d_2+d_3+d_4) = qEd$ であり，垂直である仕事は $W_{C''\perp} = 0$ であるから，やはり C′ の経路と同様に $W_{C''} = qEd$ となる。C″ の経路のように階段を増やしていって C の経路に近づけていっても仕事は同じである。このことから**「電荷 q を点 A から点 B まで移動させる場合に，そのなす仕事は経路に関係ない。」**ことがわかる。

一般の静電界内における仕事 W_{AB} は点 O を基準とすると

$$\begin{aligned} W_{\mathrm{AB}} &= -q\int_{\mathrm{A}}^{\mathrm{B}} \boldsymbol{E}\cdot \mathrm{d}\boldsymbol{s} = -q\int_{\mathrm{A}}^{\mathrm{O}} \boldsymbol{E}\cdot \mathrm{d}\boldsymbol{s} - q\int_{\mathrm{O}}^{\mathrm{B}} \boldsymbol{E}\cdot \mathrm{d}\boldsymbol{s} \\ &= -q\int_{\mathrm{O}}^{\mathrm{B}} \boldsymbol{E}\cdot \mathrm{d}\boldsymbol{s} + q\int_{\mathrm{O}}^{\mathrm{A}} \boldsymbol{E}\cdot \mathrm{d}\boldsymbol{s} = U_{\mathrm{B}} - U_{\mathrm{A}} \end{aligned} \tag{2.27}$$

（仕事量）＝（力）×（力に平行に移動した距離）

ここで仕事量 $\Delta W = -\boldsymbol{F}\cdot\Delta\boldsymbol{s}$ と − の符号が付くのは，外からの力（外力）$-\boldsymbol{F}$ が働いて点電荷 q は釣り合って静止していて，その外力がした仕事が ΔW であるため $-\boldsymbol{F}$ の方向に平行に進んだ距離 $\Delta s\cos\theta$ と $-F$ との積となるからである。

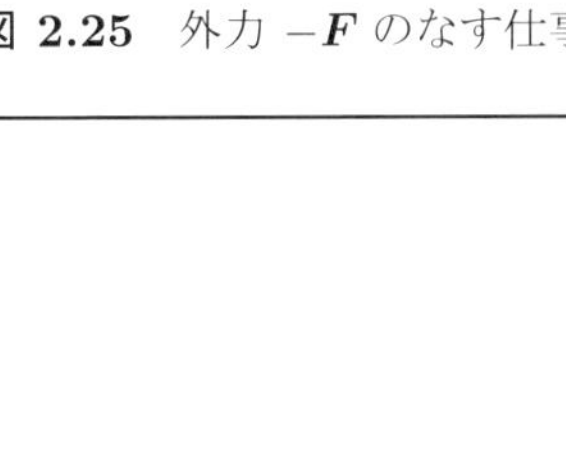

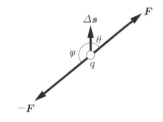

図 2.25 外力 $-\boldsymbol{F}$ のなす仕事

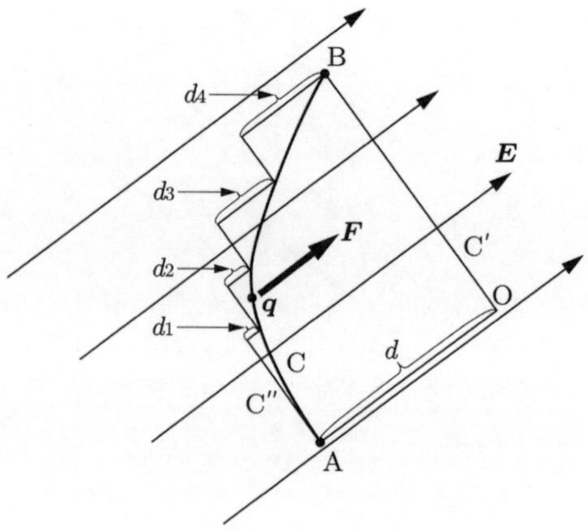

C は，点 A から点 B までの曲線
C′ の経路は，AOB
C″ の経路は，C の階段経路

図 2.26　静電界内での電荷 q の経路 C，C′，C″ による移動

と表すことができ，ここで，U_{A} と U_{B} はそれぞれ点 O を基準とした点 A，B のポテンシャルエネルギーである。単位電荷当たりのポテンシャルエネルギーを**電位**または**静電ポテンシャル**として V と表す。したがって，電位 V とポテンシャルエネルギー U との関係は電荷を q とすると

$$V = \frac{U}{q} \quad [\mathrm{V}] \tag{2.28}$$

となる。ポテンシャルエネルギーはスカラー量であるため，q で割った電位もまたスカラー量である。

点 A に対する点 B の**電位差** V_{AB} は

$$V_{\mathrm{AB}} = V_{\mathrm{B}} - V_{\mathrm{A}} = \frac{U_{\mathrm{B}} - U_{\mathrm{A}}}{q} = \frac{W_{\mathrm{AB}}}{q} = -\int_{\mathrm{A}}^{\mathrm{B}} \boldsymbol{E} \cdot \mathrm{d}\boldsymbol{s}$$

ゆえに

$$V_{\mathrm{AB}} = -\int_{\mathrm{A}}^{\mathrm{B}} \boldsymbol{E} \cdot \mathrm{d}\boldsymbol{s} \quad [\mathrm{V}] \tag{2.29}$$

と表すことができる。電位の単位は [V]（ボルト）であり，式 (2.28) から明らかなように

$$1\ [\mathrm{V}] = 1\ [\mathrm{J}]/[\mathrm{C}] \tag{2.30}$$

の関係がある。

点 A から点 B までの線積分として式 (2.26) のように表すが，また経路 C の積分として以下のように記述できる。

$$W_{\mathrm{AB}} = -q\int_{\mathrm{A}}^{\mathrm{B}} \boldsymbol{E} \cdot \mathrm{d}\boldsymbol{s} = -q\int_{\mathrm{C}} \boldsymbol{E} \cdot \mathrm{d}\boldsymbol{s}$$

2 点間の電位差を**電圧**ともいう。

点電荷などの場合は点電荷の位置の電位は無限大に発散するため基準点として無限遠を 0 [V] とする。無限遠を 0 [V] とした場合の任意の点 P の電位は

$$V = -\int_{\infty}^{\mathrm{P}} \boldsymbol{E} \cdot \mathrm{d}\boldsymbol{s} \quad [\mathrm{V}] \tag{2.31}$$

と表せる。

【例題 2.3】 点 O に電荷 q が存在するとき点 O から r 離れた点 P の電位を基準点として無限遠を 0 [V] として求めなさい。

解答 例題 2.2 から点 P の電界は

$$E = \frac{q}{4\pi\varepsilon_0 r^2} \quad \left[\frac{\mathrm{V}}{\mathrm{m}}\right]$$

であり，電界 E と r の方向が同じ（なす角 $\theta = 0$）であるため

$$\boldsymbol{E} \cdot \mathrm{d}\boldsymbol{r} = E\mathrm{d}r\cos\theta = E\mathrm{d}r \qquad (\because \cos 0 = 1)$$

となり，点 P における電位 V はつぎのように求まる。

$$V = -\int_{\infty}^{\mathrm{P}} \boldsymbol{E} \cdot \mathrm{d}\boldsymbol{r} = -\int_{\infty}^{r} \frac{q}{4\pi\varepsilon_0 r^2}\mathrm{d}r = -\left[\frac{q}{4\pi\varepsilon_0}\left(-\frac{1}{r}\right)\right]_{\infty}^{r}$$
$$= \frac{q}{4\pi\varepsilon_0}\left(\frac{1}{r} - \frac{1}{\infty}\right) = \frac{q}{4\pi\varepsilon_0 r} \quad [\mathrm{V}]$$

電位の勾配

図 2.28 のような一様な電界内における点 A の電界を $\boldsymbol{E}$，電位を V とすると，点 A から点 B までの微小距離ベクトルを $\mathrm{d}\boldsymbol{s}$ とする。点 B での電位を $V + \mathrm{d}V$ とすると点 A に対する点 B の電位差 V_{AB} は

$$V_{\mathrm{AB}} = V_{\mathrm{B}} - V_{\mathrm{A}} = (V + \mathrm{d}V) - V$$

であり，また

$$V_{\mathrm{AB}} = \mathrm{d}V = -\int_{\mathrm{A}}^{\mathrm{B}} \boldsymbol{E} \cdot \mathrm{d}\boldsymbol{s} = -E\cos\theta\int_{\mathrm{A}}^{\mathrm{B}} \mathrm{d}s = -E_s\mathrm{d}s$$

と表せる。ここで，$E\cos\theta = E_s$，θ は $\boldsymbol{E}$ と $\mathrm{d}s$ とのなす角であり，線積分 $\int_{\mathrm{A}}^{\mathrm{B}} \mathrm{d}s$ は点 A から点 B までの線分 $\mathrm{d}s$ である。この関係から

$$\mathrm{d}V = -E_s\mathrm{d}s$$

電位差 V_{AB} は仕事 W_{AB} から求めているため，点 A から点 B までの経路に関係なく同じである。したがって，電界の周回積分は

$$\oint \boldsymbol{E} \cdot \mathrm{d}\boldsymbol{s} = 0$$

となる。これは**図 2.27** のように AB 間を 1 周積分すると

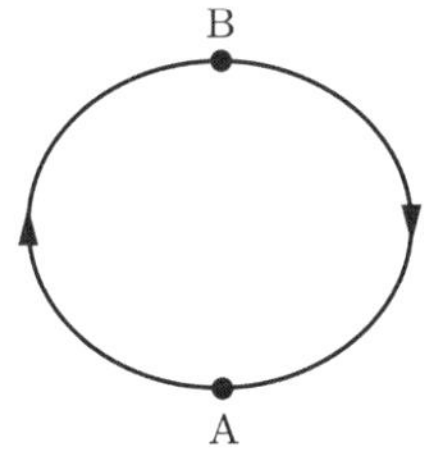

図 2.27 周回積分

$$\int_{\mathrm{A}}^{\mathrm{B}} \boldsymbol{E} \cdot \mathrm{d}\boldsymbol{s} - \int_{\mathrm{A}}^{\mathrm{B}} \boldsymbol{E} \cdot \mathrm{d}\boldsymbol{s} = 0$$

電位差が 0 となることを示していて，このことを「**静電界は保存的である**」という。

静電界が保存的であるということは電位を定義できることを意味している。

山の傾きを 1 周積分すれば（足し合わせると，図 2.27 参照）0（ゼロ）となる。このことが山の高さを定義できることに対応している。

第 6 章で導入する磁界の強さは保存的ではなく，したがって厳密に磁位が定義できない。

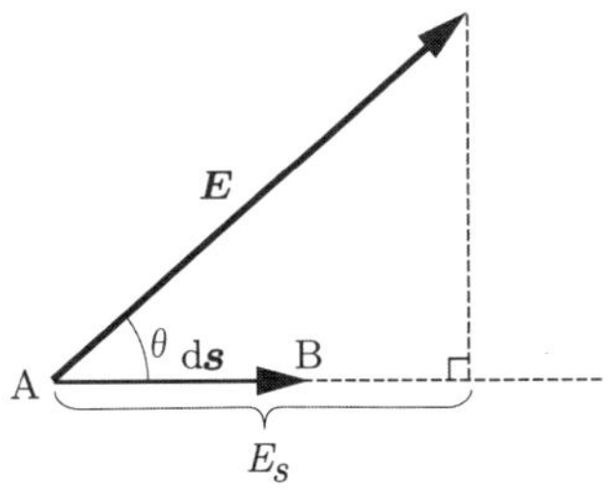

図 2.28 点 A と微小距離離れた点 B

となり，したがって

$$E_s = -\frac{\mathrm{d}V}{\mathrm{d}s} \quad \left[\frac{\mathrm{V}}{\mathrm{m}}\right] \tag{2.32}$$

となる。

式 (2.32) から，電位の傾きが負 ($\mathrm{d}V/\mathrm{d}s < 0$) の方向は電界 E の正（プラス）の方向であることがわかる。そして，その方向の単位長さ当たりの電位変化である**電位の勾配**が電界 $\boldsymbol{E}$ に対応する（図 2.8 参照）。

電位の勾配が電界に対応しており，このことは図 2.8 に記載したように電位が山の高さに，電界が山の傾きに対応している。

s 方向を各座標軸である x, y, z 方向に選べば，それぞれの方向の電界成分である E_x, E_y, E_z が次式のように与えられる。

$$E_x = -\frac{\partial V}{\partial x}, \quad E_y = -\frac{\partial V}{\partial y}, \quad E_z = -\frac{\partial V}{\partial z} \tag{2.33}$$

ここで，$V = V(x, y, z)$ は x, y, z の関数である。

電界 $\boldsymbol{E} = E_x\boldsymbol{i} + E_y\boldsymbol{j} + E_z\boldsymbol{k}$ に式 (2.33) を代入すると

$$\boldsymbol{E} = -\left(\frac{\partial V}{\partial x}\boldsymbol{i} + \frac{\partial V}{\partial y}\boldsymbol{j} + \frac{\partial V}{\partial z}\boldsymbol{k}\right) \quad \left[\frac{\mathrm{V}}{\mathrm{m}}\right] \tag{2.34}$$

となる。

いま，記号 grad や $\boldsymbol{\nabla}$ を用いて

$$\boldsymbol{E} = -\mathrm{grad}\ V \quad \text{または} \quad \boldsymbol{E} = -\boldsymbol{\nabla} V \tag{2.35}$$

と表すことができる。ここで，

$$\mathrm{grad}\ V = \boldsymbol{\nabla} V = \left(\frac{\partial V}{\partial x}\boldsymbol{i} + \frac{\partial V}{\partial y}\boldsymbol{j} + \frac{\partial V}{\partial z}\boldsymbol{k}\right) \tag{2.36}$$

である。電位 V の勾配 (gradient) という意味から grad の記号化が行われている。

【例題 2.4】　点電荷 q から距離 r 離れた点 P での電位 V は

$$V(r) = \frac{q}{4\pi\varepsilon_0 r}$$

である。点 P での電界 $\boldsymbol{E}$ を求めなさい。

解答　式 (2.32) より

$$E_r = -\frac{\mathrm{d}V}{\mathrm{d}r} = -\frac{\mathrm{d}}{\mathrm{d}r}\left(\frac{q}{4\pi\varepsilon_0 r}\right) = \frac{q}{4\pi\varepsilon_0 r^2} \quad \left[\frac{\mathrm{V}}{\mathrm{m}}\right]$$

となり，ベクトル表示の電界 $\boldsymbol{E}$ は

$$\boldsymbol{E} = \frac{q}{4\pi\varepsilon_0} \cdot \frac{\boldsymbol{r}}{r^3} = \frac{q}{4\pi\varepsilon_0 r^2}\frac{\boldsymbol{r}}{r} = \frac{q}{4\pi\varepsilon_0 r^2}\boldsymbol{n} \quad \left[\frac{\mathrm{V}}{\mathrm{m}}\right]$$

となる。ここで $\boldsymbol{n} = \boldsymbol{r}/r$ であり，r 方向の単位ベクトルを示している。

【例題 2.5】 電位 $V(x,y,z)=x^2+yz^3$ のとき，電界 $\boldsymbol{E}(x,y,z)$ を求めなさい。

解答

$$\begin{aligned}\boldsymbol{E}(x,y,z) &= -\mathrm{grad}V = -\left(\boldsymbol{i}\frac{\partial}{\partial x}+\boldsymbol{j}\frac{\partial}{\partial y}+\boldsymbol{k}\frac{\partial}{\partial z}\right)(x^2+yz^3)\\ &= -\boldsymbol{i}\frac{\partial}{\partial x}(x^2+yz^3)-\boldsymbol{j}\frac{\partial}{\partial y}(x^2+yz^3)-\boldsymbol{k}\frac{\partial}{\partial z}(x^2+yz^3)\\ &= -2x\boldsymbol{i}-z^3\boldsymbol{j}-3yz^2\boldsymbol{k}\end{aligned}$$

2 次元で電位が等しい点をつないでいくと，**図 2.29** に示すような等電位線を描くことができる。3 次元では電位が等しいところをつないでできる面を**等電位面**という（**図 2.30**）。

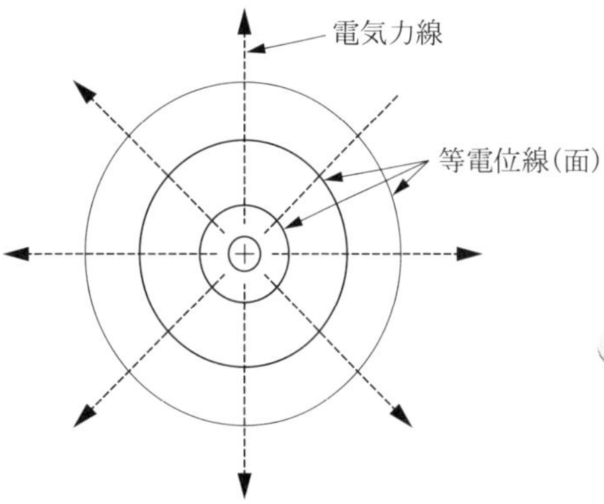

図 2.29 電気力線と等電位線（面）

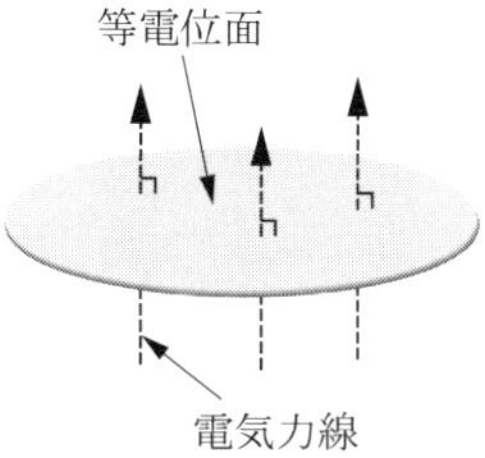

図 2.30 電気力線と等電位面

等電位面にはつぎのような性質がある。

(1) 異なる電位の等電位面は交わらない（図 2.29）。

もし交わるならば，その個所では異なる 2 つの電位をもつことになるためありえない。

(2) 電気力線（電界）は等電位面に垂直に交わる（図 2.30）。

電気力線に対してその近傍の垂直方向には電界はなく，したがって電位の勾配がないことになる。ゆえに電気力線の近傍の垂直な面は等電位面となる。

2-8　電気双極子

微小距離離れた大きさが同じで符号が逆の点電荷の対を**電気双極子**という。いま，$\pm q$ の電荷をもち z 軸上に中点を原点とする距離 d 離れた電気双極子を考える（**図 2.31**）。このとき原点から十分離れた点 P までのベクトルを $\boldsymbol{r}(|\boldsymbol{r}| = r \gg d)$ とすると，点 P における無限遠を 0 [V] とした電位は

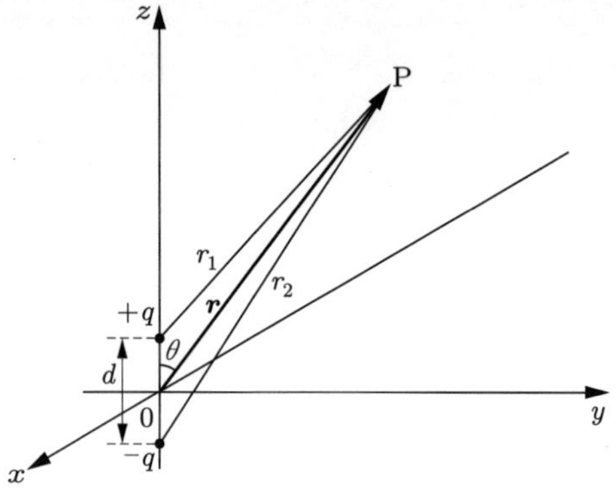

図 2.31　電気双極子

$$V = \frac{q}{4\pi\varepsilon_0 r_1} + \frac{(-q)}{4\pi\varepsilon_0 r_2} = \frac{q(r_2 - r_1)}{4\pi\varepsilon_0 r_1 r_2}$$

ここで, r_1 と r_2 は以下のように書き表すことができる (**図 2.32** 参照)。

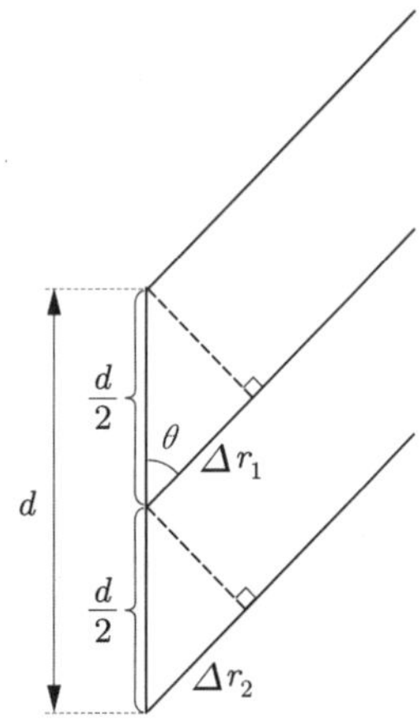

図 2.32　電気双極子付近の拡大図

$$\Delta r_1 = \Delta r_2 = \frac{d}{2}\cos\theta$$

$$r_1 = r - \Delta r_1 = r - \frac{d}{2}\cos\theta$$
$$r_2 = r + \Delta r_2 = r + \frac{d}{2}\cos\theta$$

これを電位 V の式に代入すると

$$V = \frac{q\left[\left(r + \frac{d}{2}\cos\theta\right) - \left(r - \frac{d}{2}\cos\theta\right)\right]}{4\pi\varepsilon_0\left(r - \frac{d}{2}\cos\theta\right)\left(r + \frac{d}{2}\cos\theta\right)}$$
$$= \frac{qd\cos\theta}{4\pi\varepsilon_0\left[r^2 - \left(\frac{d}{2}\right)^2\cos^2\theta\right]}$$

ここで $r \gg d$ のため，以下のような近似を用いると

$$r^2 - \left(\frac{d}{2}\right)^2\cos^2\theta \approx r^2$$

よって，点 P における電位 V は

$$V = \frac{qd\cos\theta}{4\pi\varepsilon_0 r^2} \quad [\mathrm{V}] \tag{2.37}$$

と求まる。

いま，上記双極子において大きさは qd，方向は $-q$ から $+q$ とするベクトル $\boldsymbol{p}$ を**電気双極子モーメント**と定義する（**図 2.33**）。

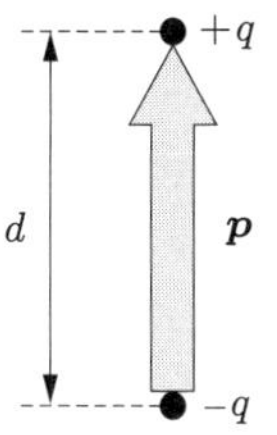

図 2.33 電気双極子モーメント

$$|\boldsymbol{p}| = qd \quad [\mathrm{C \cdot m}] \tag{2.38}$$

この双極子モーメントを用いて，式 (2.37) はつぎのように表すことができる。

$$V = \frac{qd\cos\theta}{4\pi\varepsilon_0 r^2} = \frac{p\cos\theta}{4\pi\varepsilon_0 r^2} = \frac{\boldsymbol{p}\cdot\boldsymbol{r}}{4\pi\varepsilon_0 r^3} \quad [\mathrm{V}] \tag{2.39}$$

つぎに，この電気双極子による点 P での電界を求める（**図 2.34**）。点電荷の電界は点電荷から放射方向に向かうため，点 P における電気双極子の電界の方向は点 P と $-q$, $+q$ の電荷でつくる面内に存在する。そのため $\boldsymbol{r}$ 方向の成分 E_r と $\boldsymbol{r}$ に垂直な方向の成分 E_θ をつぎのように表すことができる。

$$E_r = -\frac{\partial V}{\partial r} = \frac{2p\cos\theta}{4\pi\varepsilon_0 r^3} \quad \left[\frac{\mathrm{V}}{\mathrm{m}}\right] \tag{2.40}$$

$$E_\theta = -\frac{1}{r}\frac{\partial V}{\partial \theta} = \frac{p\sin\theta}{4\pi\varepsilon_0 r^3} \quad \left[\frac{\mathrm{V}}{\mathrm{m}}\right] \tag{2.41}$$

r に対して垂直な方向の微小成分を Δs とすると

$$\Delta s = r\sin(\Delta\theta) \approx r\Delta\theta$$

であるから

$$E_\theta = -\frac{1}{r}\frac{\partial V}{\partial \theta}$$

となる。

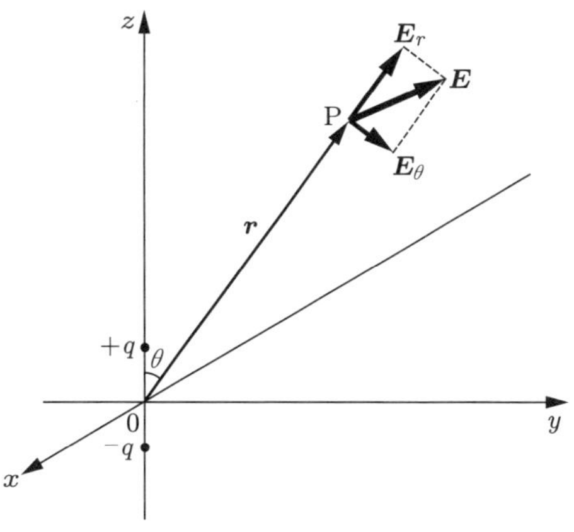

図 2.34 電気双極子による電界

また，静電界内に置かれた電気双極子に働く力を考える（**図 2.35**）。一様な電界 $\boldsymbol{E}$ に電気双極子（電気双極子モーメント $\boldsymbol{p}$: $|\boldsymbol{p}| = qd$）が存在すると，$+q$ の電荷には $q\boldsymbol{E}$ の力が，$-q$ の電荷には $-q\boldsymbol{E}$ の力が

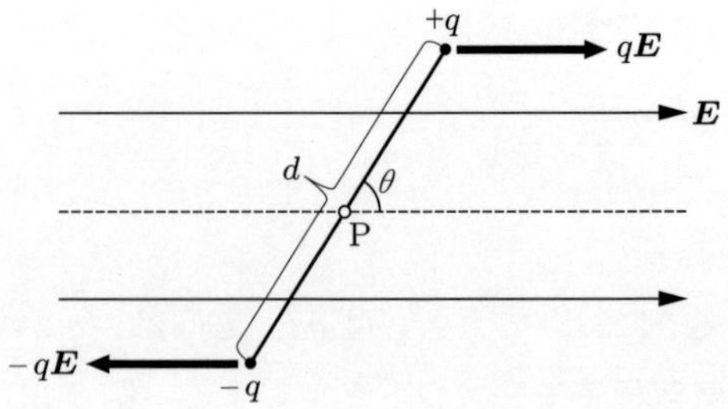

図 2.35　静電界中の電気双極子が受ける力

働く。電気双極子全体としての合力は0となるが，その中点Pを中心として回転する偶力のモーメント $\boldsymbol{N}$ が働く。この力のモーメントの大きさ N は

$$N = d\sin\theta \cdot qE = qdE\sin\theta = pE\sin\theta \quad [\mathrm{N\cdot m}] \tag{2.42}$$

と表すことができる。式 (2.42) をベクトル表示すると

$$\boldsymbol{N} = \boldsymbol{p} \times \boldsymbol{E} \quad [\mathrm{N\cdot m}] \tag{2.43}$$

となる。この偶力のモーメント $\boldsymbol{N}$ の向きは紙面の手前から垂直に裏側に向う方向である。また，この電気双極子のエネルギー U は $U = qV$ で得られ，電界が一様な場合は $V = rE$ である。ここで r は電界に平行な距離を示している。したがって，中点Pを0 [V] としてそれぞれの電荷のエネルギーの和を求めると

$$U = q\frac{d}{2}\cos\theta \cdot -E + \left[-q\left(-\frac{d}{2}\cos\theta \cdot -E\right)\right] = -dqE\cos\theta$$
$$= -pE\cos\theta = -\boldsymbol{p}\cdot\boldsymbol{E} \tag{2.44}$$

と表すことができる。

力のモーメントとは，物体に回転を生じさせる力の性質を表す量であり，**図 2.36** では $-q$ から $+q$ までの方向と距離をもつベクトルを $\boldsymbol{d}$ とすると

$$\boldsymbol{N} = \boldsymbol{d} \times \boldsymbol{F}$$

（ここで × はベクトルの外積）

$$|\boldsymbol{N}| = N = dF\sin\theta$$

となる。

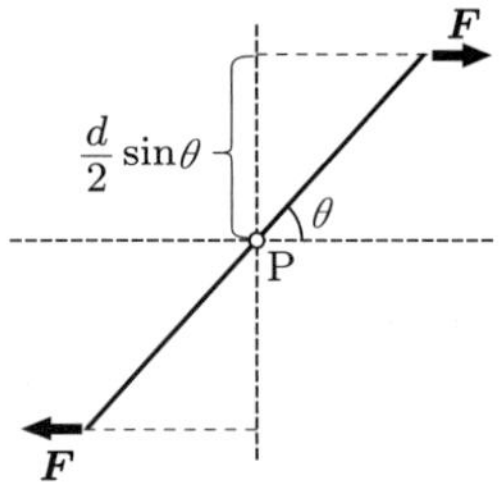

図 2.36　力のモーメント

$$N = \frac{d}{2}\sin\theta \cdot F + \frac{d}{2}\sin\theta \cdot F$$
$$= dF\sin\theta$$

【例題 2.6】 電気双極子モーメント $\boldsymbol{p}$ をもつ分子と点電荷 q が**図 2.37** に示すように存在するとき，点電荷のポテンシャルエネルギーおよび電気双極子から受ける力を求めなさい。ただし，点電荷 q は分子から十分離れているとする。

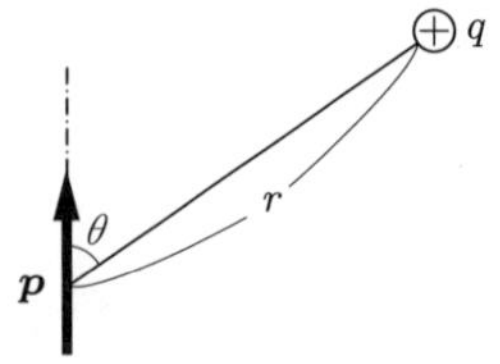

図 2.37　電気双極子と点電荷

解答　電気双極子による点電荷の位置での電位を V とすると，ポテンシャルエネルギー $U = qV$ であるので

$$U = qV = \frac{qp\cos\theta}{4\pi\varepsilon_0 r^2} \quad [\mathrm{J}]$$

となる。また点電荷が受ける力 F は電子双極子による電界が E とすれば $F = qE$ であるので，E の r 成分と θ 成分はそれぞれ

$$E_r = \frac{2p\cos\theta}{4\pi\varepsilon_0 r^3}, \quad E_\theta = \frac{p\sin\theta}{4\pi\varepsilon_0 r^3} \quad \left[\frac{\mathrm{V}}{\mathrm{m}}\right]$$

であるので，受ける力の r 成分と θ 成分はそれぞれ

$$F_r = \frac{2qp\cos\theta}{4\pi\varepsilon_0 r^3}, \quad F_\theta = \frac{qp\sin\theta}{4\pi\varepsilon_0 r^3} \quad [\mathrm{N}]$$

となる。

2-9　ポアソンの方程式とラプラスの方程式

ガウスの法則の微分形式は，式 (2.22) に示したように

$$\mathrm{div}\ \boldsymbol{E} = \frac{\rho}{\varepsilon_0} \tag{2.45}$$

である。また電界 $\boldsymbol{E}$ と電位 V との関係は式 (2.35) で示したように

$$\boldsymbol{E} = -\boldsymbol{\nabla} V = -\mathrm{grad}\ V \tag{2.46}$$

と表すことができる。式 (2.46) を式 (2.45) に代入すると

$$\frac{\partial^2 V}{\partial x^2} + \frac{\partial^2 V}{\partial y^2} + \frac{\partial^2 V}{\partial z^2} = -\frac{\rho}{\varepsilon_0} \tag{2.47}$$

$$\nabla^2 V = \Delta V = -\frac{\rho}{\varepsilon_0} \tag{2.48}$$

となる。ここで $\mathrm{div} \cdot \mathrm{grad} = \nabla^2 = \Delta$ であり，Δ を演算子ラプラシアンという。式 (2.47)，(2.48) を**ポアソンの方程式**という。

空間に電荷がない場合，すなわち $\rho = 0$ では式 (2.47)，(2.48) は

$$\frac{\partial^2 V}{\partial x^2} + \frac{\partial^2 V}{\partial y^2} + \frac{\partial^2 V}{\partial z^2} = 0 \tag{2.49}$$

$$\nabla^2 V = \Delta V = 0 \tag{2.50}$$

となり，これらの式を**ラプラスの方程式**という。

［**微分形式のガウスの法則**］

$$\frac{\partial E_x}{\partial x} + \frac{\partial E_y}{\partial y} + \frac{\partial E_z}{\partial z} = \frac{\rho}{\varepsilon_0}$$

$$\boldsymbol{\nabla} \cdot \boldsymbol{E} = \frac{\rho}{\varepsilon_0}$$

［**電界 $\boldsymbol{E}$ と電位 V との関係**］

$$\boldsymbol{E} = -\left(\frac{\partial V}{\partial x}\boldsymbol{i} + \frac{\partial V}{\partial y}\boldsymbol{j} + \frac{\partial V}{\partial z}\boldsymbol{k}\right)$$

$$\boldsymbol{E} = -\boldsymbol{\nabla} V$$

演習問題 2

2.1 水素原子は $+e$ の電荷をもった陽子と $-e$ の電荷をもった電子から構成されている。陽子と電子間の距離を 5.3×10^{-11} [m] とすると，両粒子間に働くクーロン力を求めなさい。ここで，e は 1.6×10^{-19} [C] とする。

2.2 直径 20 [cm] の球に一様に電荷 2.4×10^{-6} [C] が分布しているとき，

(1) 球表面の電界を求めなさい。

(2) 球表面から垂直に 10 [cm] 離れた地点での電界を求めなさい。

(3) 球の中心から 5 [cm] 離れた地点での電界を求めなさい。

(4) 無限遠での電位を 0 [V] としたときの球表面の電位を求めなさい。

2.3 無限に長い線上に電荷が単位長さ当たり λ で分布しているとき，線から垂直に r 離れた地点の電界を求めなさい。

2.4 電位 $V(x,y,z)=x^2+xy^2-yz^3$ のとき電界 $\boldsymbol{E}\,(x,y,z)$ および電荷密度 $\rho(x,y,z)$ を求めなさい。

第3章 導体

本章では，導体が静電界中でどのように振る舞うのかを説明する。
また，複数の導体を組み合わせて電荷を保持する働きをもたせたコンデンサを説明し，これらを特徴づける静電容量の定義や導体間の静電界がどのようになるのかを考える。

(提供：JR東日本)

3-1 導体と静電界

すべての物質は原子の集まりからできている。そして，原子は正電荷をもつ原子核と同数の負電荷である電子で構成されていて，**図 3.1** のように表される。これらの正負電荷間にはクーロン力が働き，核外に分布する電子は原子核に拘束されているが，拘束力は物質によって異なる。金属などの物質ではこの拘束力が弱く，外部から電界や熱などを加えると電子の一部が原子核から離れて自由に動くようになる。この電子を**自由電子**という。

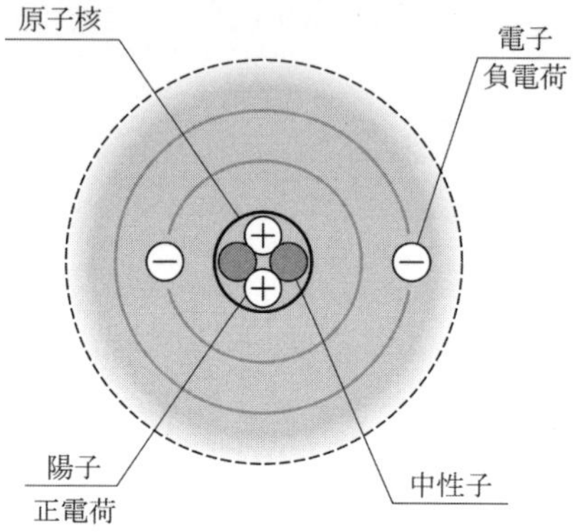

図 3.1 原子の模式図

金属での自由電子のように自由に動くことができる電荷をもつ物質の総称を**導体**という。ただし，自由に動くことができるといっても，通常はそれとは反対の電荷と打ち消し合っており，電気的に中性である。一方，自由に動く電荷をもたない物質のことを**誘電体**（または，**絶縁体**）という。また，電荷間の拘束力がある程度強い場合には，それを引き離すために相応の外部エネルギーが必要であり，このような物質を**半導体**とよんで導体と区別することがある。

導体といえば，金属などの電荷が動きやすい物質を意味することが多い。そこで，本章ではとくに断らない限り，電荷が動きやすい導体を考えていくことにする。

3-1-1 静電誘導

図 3.2 のように，導体の外部から帯電体を近づけて導体が外部電界の影響を受けると，帯電体と反対符号の導体内の電荷がクーロン力を受けて帯電体に近い側に引き寄せられる。ただし，導体の表面上に達

した電荷はそれ以上先に移動しないので，これらの電荷は導体の表面上に現れることになる。また，帯電体と反対の面では帯電体に引き寄せられた電荷が不足するために，帯電体と同符号の電荷が現れる。このように，接触していない外部電荷，すなわち外部電界によって，導体の正負の電荷が分離して導体表面上に現れる現象を**静電誘導**という。

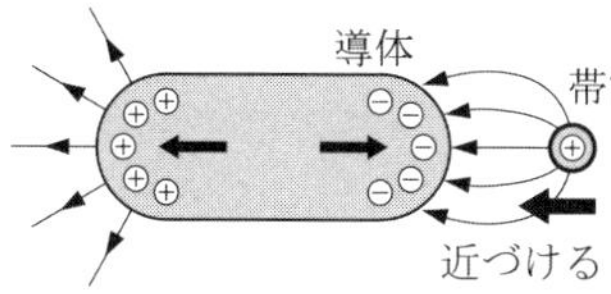

図 3.2　帯電体と導体

静電誘導では，外部電界の変化に対応して導体内の自由に動ける電荷はただちにその位置を変化させ，電荷の移動が終わった平衡状態，すなわち静電界となる。この状況ではつぎのように考えることができる。

■ **導体内部には電界が存在しない。**

電荷の移動が終わって平衡状態であるということは，導体内に電荷が存在しないことを意味する。もし導体内部に電荷が存在するときには，この電荷が発生させる電界の影響によって導体内の動きやすい電荷が移動してしまうことになるからである。平衡状態では，電荷が導体表面上に静止して分布することになり，この電荷を**誘導電荷**という。また，導体内部には電荷が存在しないために，導体内の電界 $\boldsymbol{E}$ の大きさはゼロということになる。

帯電体と誘導電荷が作る電界をそれぞれ $\boldsymbol{E}_e$ および $\boldsymbol{E}'$ と表すと，導体内部の電界 $\boldsymbol{E}$ はこれらの電界の和で表せるので，

$$\boldsymbol{E} = \boldsymbol{E}_e + \boldsymbol{E}' = 0 \tag{3.1}$$

と書くことができる。したがって， $\boldsymbol{E}' = -\boldsymbol{E}_e$，すなわち帯電体による電界と誘電電荷の電界が完全に打ち消すように，誘導電荷が導体表面上に現れる。

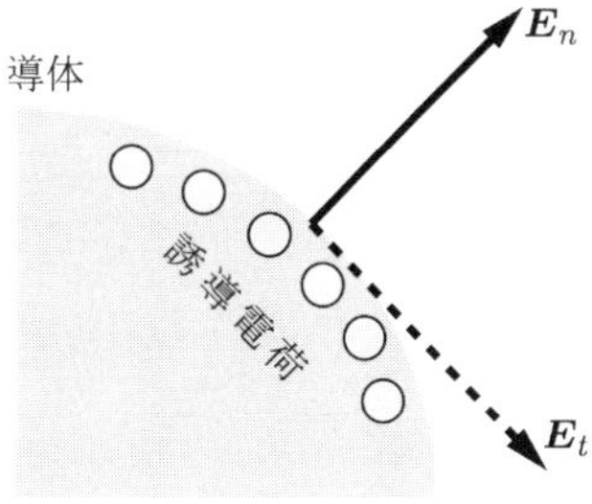

図 3.3　導体表面上で誘導電荷から発生する電界

■ **導体表面における静電界はその表面に垂直**

導体表面上に分布する誘導電荷は，その外部に電界を作る。このときの電界を**図 3.3** に示すように，導体のある箇所の表面に対する垂直成分 ($\boldsymbol{E}_n$) と接線成分 ($\boldsymbol{E}_t$) に分けて考えた場合，接線方向の電界成分がゼロでない場合，表面に分布する他の電荷に力が与えられて電荷が移動することになり，静止している状態と矛盾する。したがって，$\boldsymbol{E}_t = 0$ とみなせる。それゆえに，導体表面のすぐ外での電界はつねに表面に対して垂直であるといえる。

■ **導体表面は等電位**

電界がゼロの導体内部では，場所が変わっても電位が変化しないため，導体すべての場所で電位は同じ値であり，導体表面は等電

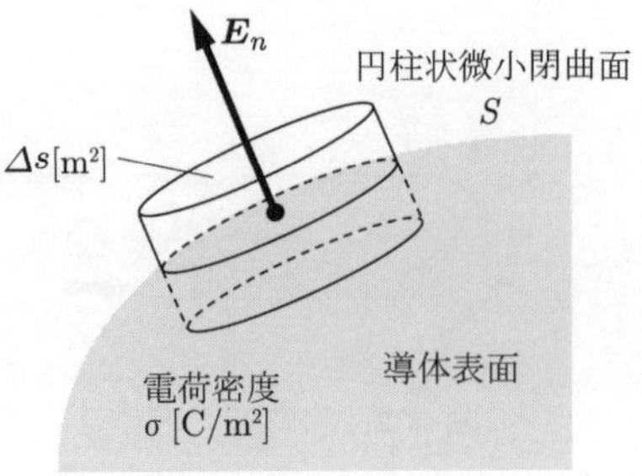

図 3.4　導体の微小領域と円柱状閉曲面

位面となる。

■ **導体の表面で発生する電界の垂直成分 $\boldsymbol{E_n}$ [V/m] と表面電荷密度 $\boldsymbol{\sigma}$ [C/m²] の関係は** $\sigma = \varepsilon_0 E_n$

誘導電荷により発生する電界の方向が導体表面に対して垂直であるが，その大きさはどのように表されるかをここでは考える。任意の導体表面に電荷が分布し，その局所的な表面電荷密度が σ [C/m²] である場合を考える。**図 3.4** に示すように，導体の表面をはさんで，面積 Δs [m²] を底面とする微小円柱を閉曲面 S としてガウスの法則を適用すると，

$$\int_{\mathrm{S}} E_n \mathrm{d}S = \frac{\sigma \Delta s}{\varepsilon_0}$$

と表すことができる。ここで，閉曲面 S 内部の電荷総量は $\sigma\Delta s$ [C] である。上式の左辺を，微小円柱の上面 (S_0)，側面 (S_1)，および底面 (S_2) の 3 つに分けて足し合わせた形で書くと，

$$\int_{\mathrm{S}_0} E_n \mathrm{d}S + \int_{\mathrm{S}_1} E_n \mathrm{d}S + \int_{\mathrm{S}_2} E_n \mathrm{d}S = \frac{\sigma \Delta s}{\varepsilon_0} \tag{3.2}$$

となる。いま，導体表面上の電界はその表面に対する垂直成分のみで，導体内部に電界はないことから，上式左辺の第 1 項は $E_n \Delta s$ と表せるのに対して，第 2 項と第 3 項がゼロとなる。したがって，ガウスの法則より，

$$\sigma = \varepsilon_0 E_n \qquad \left(E_n = \frac{\sigma}{\varepsilon_0}\right) \quad \left[\frac{\mathrm{C}}{\mathrm{m}^2}\right] \tag{3.3}$$

と表すことができる。

> **【例題 3.1】**　真空中で半径 a [m] の導体球に電荷 $+Q$ [C] が一様に帯電しているとき，導体球表面の電荷密度 σ[C/m²] を求めよ。

解答　静電誘導により，電荷は導体球表面上のみに分布する。電荷密度は電荷の総量 $+Q$ [C] を球の表面積 $4\pi a^2$ で割ることで求められ，

$$\sigma = \frac{Q}{4\pi a^2} \qquad \left[\frac{\mathrm{C}}{\mathrm{m}^2}\right]$$

となる。

3-1-2　導体と電荷

これまでは，導体に帯電体を近づけた場合を考えてきた。この状態で**図 3.5**(a) に示すように帯電体から離れた側を大地に接触させると，接触させた側に分布していた正電荷が大地に移動するが，帯電体側には負電荷が引きつけられているために残ることになる。その後，図 3.5(b) のように導体を大地から離し，かつ帯電体も遠ざけると，導体表面上には残された負電荷が分布することになる。その他，本来は電気的中性状態の導体を構成しているものとは別に，外部からたとえば負イオンを金属の中に射込むなどして導体の内部に電荷をもち込んだ場合にも，電荷が導体表面上に分布する。このようにして，静電誘導によって任意の符号の電荷を集めることができる。なお，導体を大地に接続することを**接地**（または，**アース**）といい，通常は接地した導体の電位をゼロとして考える。

つぎに，静電界中の導体の一例として**図 3.6** のように半径 a [m] の孤立した導体球に電荷 $+Q$ [C] が与えられている場合を考える。まず，球の中心から r [m] 離れた場所の電界の大きさ $E_n(r)$ [V/m] を求める。ここで，導体に電荷が存在するのはその表面上だけであるので，球の内部 $(r < a)$ には電荷が存在せず電界の大きさはゼロである。一方，球外 $(r \geqq a)$ においては，閉曲面 S 内の導体表面上に電荷総量 Q [C] が分布するから電界が発生する。したがって，電界の大きさ $E_n(r)$ を導体の内部と外部で区別し，半径 r [m] の球状閉曲面 S を想定してガウスの法則を適用すると，

$$
\begin{aligned}
&\text{球内 } (r < a): \quad E_n(r) = 0 \\
&\text{球外 } (r \geqq a): \quad E_n(r) = \frac{Q}{4\pi\varepsilon_0 r^2}
\end{aligned}
\qquad \left[\frac{\mathrm{V}}{\mathrm{m}}\right]
$$

と求めることができる。

なお，導体表面上での電界の強さは $r = a$ を上式に代入して，

$$E_n(a) = \frac{Q}{4\pi\varepsilon_0 a^2} \qquad \left[\frac{\mathrm{V}}{\mathrm{m}}\right]$$

と書ける。これをグラフにすると，**図 3.7** のように描ける。ところで，導体表面上での電荷密度 σ [C/m^2] は，電荷が導体形状から一様に分布しているために電荷総量を球の表面積で割って，$\sigma = Q/(4\pi a^2)$ と表すことができる。これを式 (3.3) に代入した場合に求められる電界の大きさは，上式で求めたものと一致することが確認できる。

また，中心から r $(\geqq a)$ [m] 離れた球外での電位 $V(r)$ [V] は電界

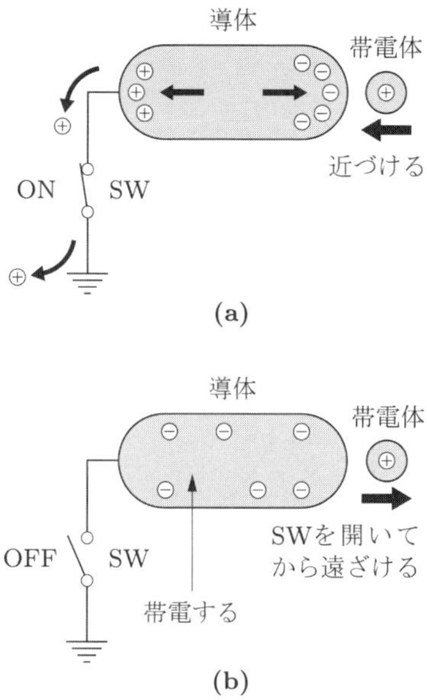

図 3.5　電荷の収集

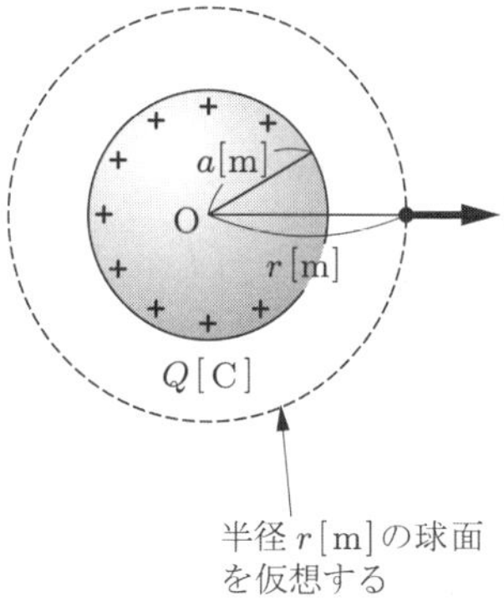

図 3.6　帯電した半径 a [m] の球状導体と半径 r [m] の球状閉曲面 S

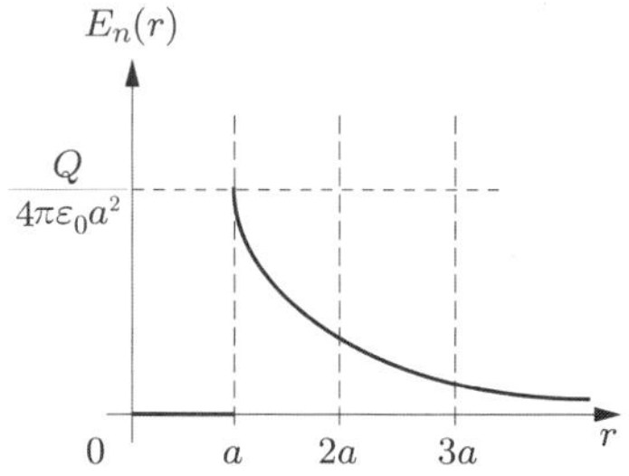

図 3.7　図 3.6 の導体球における，球中心から r [m] 離れた位置での電界 $E_n(r)$ [V/m]

$E_n(r)$ からつぎのようにして求めることができる（ただし，無限遠を 0 [V] とする）。

$$V(r) = -\int_{\infty}^{r} \frac{Q}{4\pi\varepsilon_0 r^2}\mathrm{d}r = \left[\frac{Q}{4\pi\varepsilon_0 r}\right]_{\infty}^{r}$$
$$= \frac{Q}{4\pi\varepsilon_0 r} \quad [\mathrm{V}] \tag{3.4}$$

また，球内での電位は r に依存しない定数（すなわち，電位の大きさが等しい等電位面）であり，$r = a$ を上式に代入してその値を求めることができる。これより，r を変化させた場合の $V(r)$ をグラフで表すと，**図 3.8** のように描ける。

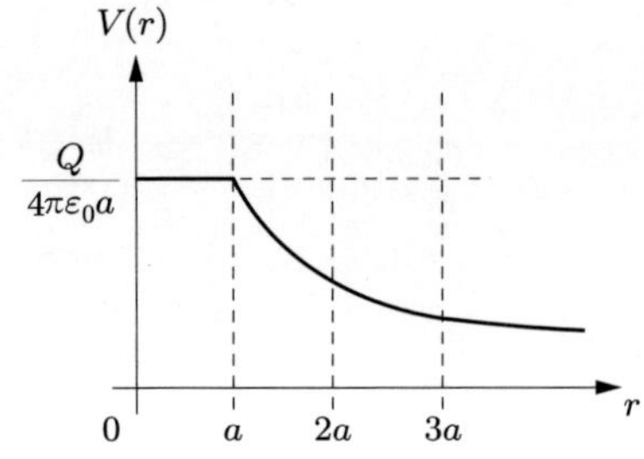

図 3.8　図 3.6 の導体球における，球中心から r [m] 離れた位置での電位 $V(r)$ [V]

【例題 3.2】　真空中で半径 2 [cm] の導体球に，$Q = 1.0 \times 10^{-9}$ [C] の電荷を与えた場合の表面上での電位 V [V] を求めよ。ただし，$\dfrac{1}{4\pi\varepsilon_0} = 9.00 \times 10^9$ として計算すること。

解答　式 (3.4) より，

$$V = 9.00 \times 10^9 \times \frac{1.0 \times 10^{-9}}{0.02} = 4.50 \times 10^2 \quad [\mathrm{V}]$$

3-1-3　静電遮へい

図 3.9 のように，導体 B を接地した中空導体で囲った状況を考える。ここで正に帯電した帯電体 A を近づけると，静電誘導により中空導体の表面に負電荷が現れ，反対符号の正電荷は中空導体が接地されているため大地に移動する。それゆえ，中空領域の中に存在する導体 B は帯電体 A の影響を受けない。

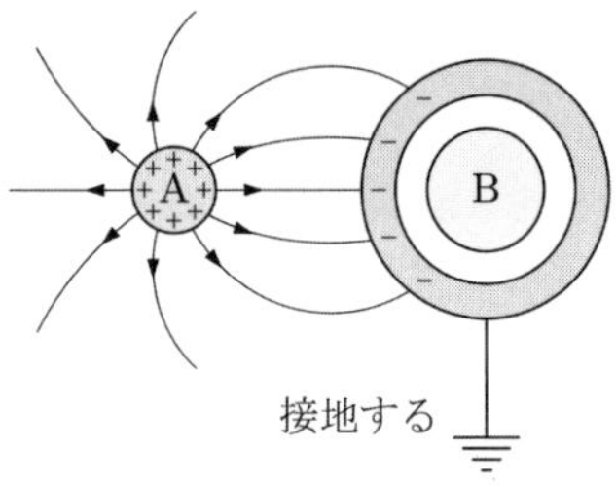

図 3.9　静電遮へいの例（1）

また，**図 3.10** のように，正に帯電した導体 A を中空導体で囲んで接地した場合には，静電誘導で中空導体の外側に現れる正の電荷は大地に移動する。したがって，中空導体の外側には電界が発生しないために，近くにいる導体に何も影響を与えない。このように，導体に囲まれた内側の領域と外部の領域を電気的に独立させることができる。これを**静電遮へい**といい，外界の影響を遮断して電気計測を行うことなどに利用される。

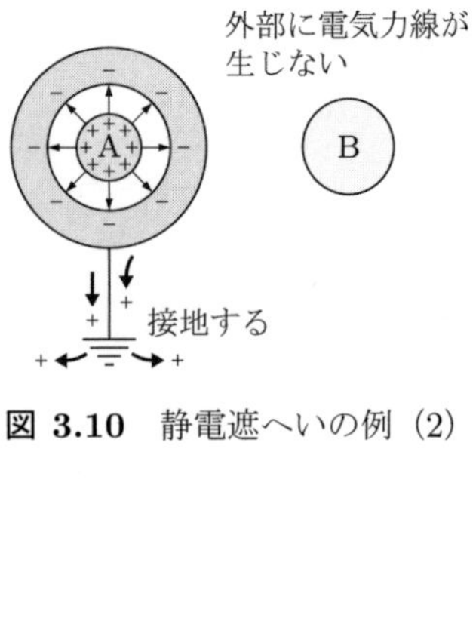

図 3.10　静電遮へいの例（2）

3-2　静電誘導と静電界の解析法

これまでに説明したように，静電界の影響下で導体の内部では電荷が存在できず，静電誘導により移動した電荷は導体外部の表面上のみに分布する。この導体表面上の誘導電荷は，導体面に対して垂直に電界を発生させ，電荷密度 σ [C/m^2] と電界の大きさ E_n [V/m] の関係は，式 (3.3) のように $\sigma = \varepsilon_0 E_n$ の関係式で表される。

一方，導体外部の電界の様子は誘導電荷による電界と外部電界の重ね合わせになるために，複雑な問題となる。このような状況下での静電界は，電位に関する微分方程式の形で記述されるポアソン方程式を解くことにより求められる。しかし，問題によっては微分方程式を解かずとも対称性などを考慮することによって，その解を導出できることがある。このような代表的な例を以下で示す。

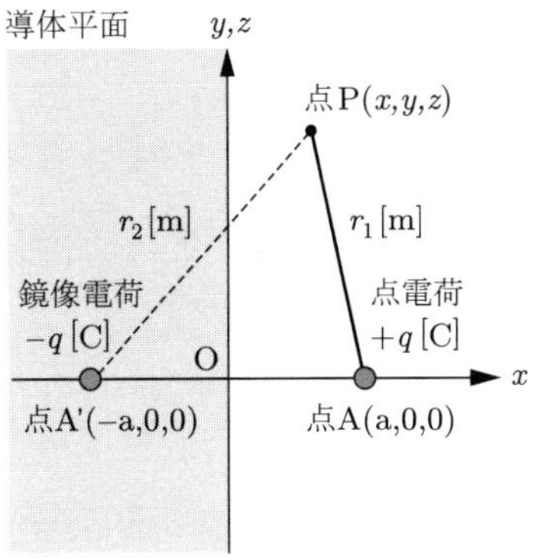

図 3.11　点電荷と半無限導体平面

図 3.11 に示すように，直交座標系において $x \leqq 0$ の半無限領域に導体平面がある場合に，原点 O から a [m] 離れた x 軸上の点 A$(a,0,0)$ に点電荷 $+q$ [C] が存在する状況を考える。このとき，導体外部 $(x \geqq 0)$ の点 P(x,y,z) での電位 V_P [V] と電界の大きさ E [V/m] は，誘導電荷と点電荷の両方による電界の影響を考慮する必要があるが，これを鏡像法という手法を利用してつぎのように求めることができる。

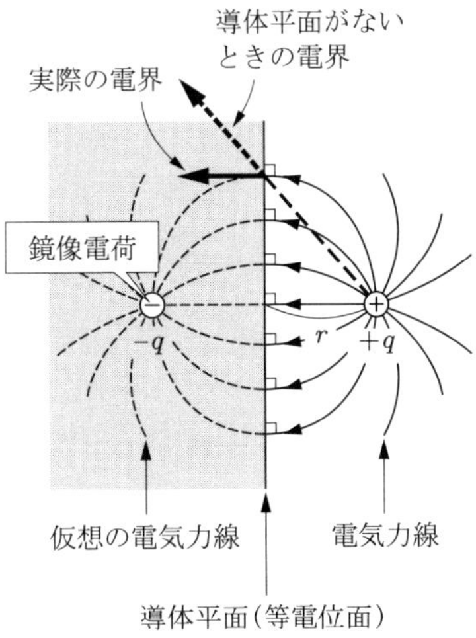

図 3.12　図 3.11 の点電荷から発生する電気力線

導体外の点電荷 $+q$ が電界を作り，その様子は**図 3.12** のように放射状の電気力線で表される。$x=0$ での導体平面上の電界方向は平面に対して垂直であるが，導体内部では電荷が存在せず電界がゼロであるため，これを打ち消すような電荷を配置すればよいことになる。これを電位の観点からいえば，導体表面が等電位になるようにすればよい。そのため，図 3.11 で示されるように表面に関する対称な点 A$'$ $(-a,0,0)$ に導体外の点電荷とは反対符号の点電荷 $-q$ [C] を仮想的に置く。このような点に着目する手法を**鏡像法**といい，電荷 $-q$ を**鏡像電荷**という。

まず，図 3.11 において導体外 $(x \geqq 0)$ での任意の点 P(x,y,z) での電位 V_P [V] を求める。点 P と点 A，および点 P と点 A$'$ の 2 点間距離をそれぞれ r_1 [m], r_2 [m] と表すと，点電荷 $+q$ ならびに鏡像電荷 $-q$ による点 P での電位は，

$$[+q \text{ による電位}] \quad \frac{q}{4\pi\varepsilon_0 r_1} \qquad \left(r_1 = \sqrt{(x-a)^2 + y^2 + z^2}\right)$$

$$[-q \text{ による電位}] \quad \frac{-q}{4\pi\varepsilon_0 r_2} \qquad \left(r_2 = \sqrt{(x+a)^2 + y^2 + z^2}\right)$$

とそれぞれ表すことができる。

したがって，点 P での電位 V_P は両者の和であるので，つぎのように表すことができる。

$$V_P = kq\left[\frac{1}{\sqrt{(x-a)^2+y^2+z^2}} - \frac{1}{\sqrt{(x+a)^2+y^2+z^2}}\right] \quad [\mathrm{V}] \quad (3.5)$$

$$\left(k = \frac{1}{4\pi\varepsilon_0}\right)$$

ここで，V_P から点 P での電界 $\boldsymbol{E}$ [V/m] を求める。第2章でみたように，電界 $\boldsymbol{E}$ と電位 V_P との関係は

$$\begin{aligned}\boldsymbol{E} &= -\mathrm{grad}V_P = -\left(\frac{\partial V_P}{\partial x}\boldsymbol{i} + \frac{\partial V_P}{\partial y}\boldsymbol{j} + \frac{\partial V_P}{\partial z}\boldsymbol{k}\right) \quad \left[\frac{\mathrm{V}}{\mathrm{m}}\right] \\ &= E_x\boldsymbol{i} + E_y\boldsymbol{j} + E_z\boldsymbol{k}\end{aligned}$$

で表される。これより，x 軸方向の電界の大きさ E_x はつぎのように計算することができる。

$$\begin{aligned}E_x &= -\frac{\partial V_P}{\partial x} \\ &= -kq\frac{\partial}{\partial x}\left\{\frac{1}{\sqrt{(x-a)^2+y^2+z^2}}\right\} + kq\frac{\partial}{\partial x}\left\{\frac{1}{\sqrt{(x+a)^2+y^2+z^2}}\right\} \\ &= -kq\left\{-\frac{1}{2}\frac{2(x-a)}{((x-a)^2+y^2+z^2)^{\frac{3}{2}}}\right\} + kq\left\{-\frac{1}{2}\frac{2(x+a)}{((x+a)^2+y^2+z^2)^{\frac{3}{2}}}\right\} \\ &= kq\left[\frac{(x-a)}{((x-a)^2+y^2+z^2)^{\frac{3}{2}}} - \frac{(x+a)}{((x+a)^2+y^2+z^2)^{\frac{3}{2}}}\right] \quad (3.6)\end{aligned}$$

同様にして，E_y, E_z を計算すると，

$$\begin{cases} E_y = -\dfrac{\partial V_P}{\partial y} = kqy\left[\dfrac{1}{((x-a)^2+y^2+z^2)^{\frac{3}{2}}} - \dfrac{1}{((x+a)^2+y^2+z^2)^{\frac{3}{2}}}\right] \\ E_z = -\dfrac{\partial V_P}{\partial z} = kqz\left[\dfrac{1}{((x-a)^2+y^2+z^2)^{\frac{3}{2}}} - \dfrac{1}{((x+a)^2+y^2+z^2)^{\frac{3}{2}}}\right] \end{cases} \quad (3.7)$$

と計算できる。

ここで，導体表面での電界の大きさは，上式で $x=0$ を代入して，

$$\begin{aligned}E_x &= kq\left[\frac{-2a}{(a^2+y^2+z^2)^{\frac{3}{2}}}\right] \\ E_y &= 0 \\ E_z &= 0\end{aligned} \quad \left[\frac{\mathrm{V}}{\mathrm{m}}\right] \quad (3.8)$$

と表すことができる。これより，導体表面に垂直な方向以外の電界の大きさはゼロであることから，電界方向は導体表面に垂直であるという性質を満たしていることがわかる。

式 (3.5) において，$x = 0$ を代入して導体表面の電位を求めると $V_P = 0$ となり，導体表面は等電位であることを表す。無限遠の電位をゼロとすると，導体面は等電位であり，図 3.11 において無限に広い平面を仮定しているために，導体表面の電位もゼロと求められたことになる。鏡像法は，このような特殊な境界条件を鏡像電荷を仮定して導入することによって，ポアソン方程式のような微分方程式を解くことなく電位を直感的に求める手法であるということができる。

また，点電荷 $+q$ はこの電界 E_x によって力 F_x [N] を受けることになる。これを求めるために，式 (3.6) に点電荷の位置座標 $x = a, y = z = 0$ を代入すると，$F_x = qE_x$ より，

$$F_x = -\frac{q^2}{16\pi\varepsilon_0 a^2} \quad \text{[N]} \tag{3.9}$$

と求められる。したがって，この力は導体表面近くでは電荷に大きな影響を与えることになる。

3–3 静電容量とコンデンサ

3–1–2 項でみたように，孤立した導体に電荷 Q [C] を与えると，電荷は導体表面上に分散して分布する。そこで，**図 3.13** で示すように，2 つの導体に正負等量の電荷 $\pm Q$ [C] をそれぞれ与えると，$+Q$ から発生する電気力線は $-Q$ で終端する。このとき，導体間の電荷は引力により向かい合って集まり，この傾向は導体間の距離が近くなるほど強くなるために電荷を蓄えやすくなる。このように，2 個の導体を近づけて設置することによって，正負等量の電荷を保持する働きをもたせることができるような仕組みを，**コンデンサ**（または，**キャパシタ**）という。

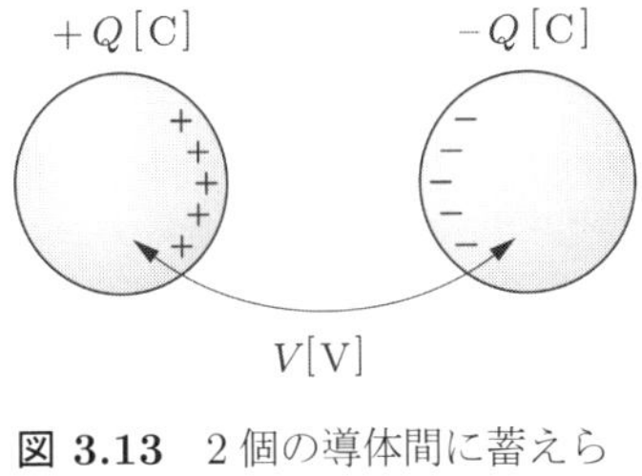

図 3.13 2 個の導体間に蓄えられる電荷

2 個の導体に $\pm Q$ [C] の電荷が帯電しているとき，コンデンサに電気量 Q [C] が充電されているという。コンデンサに充電されている電荷量 Q [C] と 2 個の導体間の電位差 V [V] は，一般につぎの比例関係式，

$$Q = CV \quad \text{[C]} \tag{3.10}$$

で表すことができる。ここで，比例係数 C を**静電容量**（または，**キャ**

パシタンス）といい，その物理的な次元は上式より [C/V] であるが，これを [F]（ファラッド）で表す。すなわち，電位差を 1 [V] 上昇させるのに必要な電荷量が 1 [C] のとき，静電容量を 1 [F] という。

【例題 3.3】 1.0×10^{-9} [C] の電荷が静電容量 400 [pF] のコンデンサに充電されているときのコンデンサの電位 V [V] を求めよ。

解答

$$V = \frac{Q}{C} = \frac{1.0 \times 10^{-9}}{400 \times 10^{-12}} = 2.5 \quad [\mathrm{V}]$$

3-3-1　平行平板コンデンサ

図 3.14 は，平板状の 2 枚の導体を平行に設置した平行平板コンデンサである。平行平板コンデンサの静電容量は以下のように考えることができる。

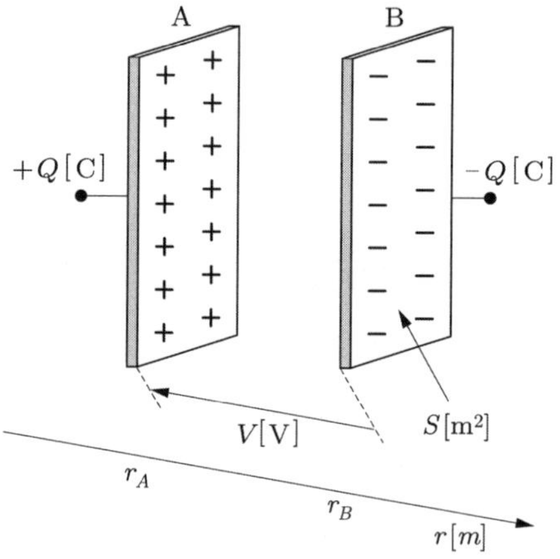

図 3.14　平行平板コンデンサ

平板の面積を S [m^2] とし，コンデンサに充電されている電荷を Q [C] とすると，導体平板に分布する面電荷密度 σ [C/m^2] は，$\sigma = Q/S$ である。導体平板 A から発生する電界 $\boldsymbol{E}$ はその平面に垂直であり，電界の大きさ E は式 (3.3) でみたように，

$$E\left(= \frac{\sigma}{\varepsilon_0}\right) = \frac{Q}{\varepsilon_0 S} \quad \left[\frac{\mathrm{V}}{\mathrm{m}}\right]$$

と表せる。ただし，導体平板は平板同士の間隔に比べて十分大きく，平板の端での電界の乱れの影響が無視できるとすることで，2 枚の平板間で上式で表される一様な電界が発生しているとみなせる。

つぎに，導体間の電位差 V [V] は，電界の方向，すなわち導体平板と垂直方向を r で表し，平行に設置された平板 A，B の位置をそれぞれ $r_\mathrm{A}, r_\mathrm{B}$ とすると，

$$V = -\int_{r_\mathrm{B}}^{r_\mathrm{A}} E \mathrm{d}r = -\left[\frac{Q}{\varepsilon_0 S} r\right]_{r_\mathrm{B}}^{r_\mathrm{A}}$$
$$= \frac{Qd}{\varepsilon_0 S} \quad [\mathrm{V}]$$

と求めることができる。ここで，$d\ (= r_\mathrm{B} - r_\mathrm{A})$ [m] は平板間隔を表す．以上より，静電容量 C [F] は，

$$C\left(= \frac{Q}{V}\right) = \frac{\varepsilon_0 S}{d} \quad [\mathrm{F}]$$

と表せることになる。したがって，平行平板コンデンサの静電容量は平板面積 S [m^2] に比例し，平板間隔 d [m] に反比例して大きくなることがわかる。

> **【例題 3.4】** 面積 $S = 0.04$ [m^2]，平板間距離 $d = 1$ [cm] の平行平板コンデンサの静電容量 C [F] を求めよ。ただし，$\varepsilon_0 = 8.85 \times 10^{-12}$ として計算せよ。

解答

$$C = \frac{\varepsilon_0 S}{d} = \frac{8.85 \times 10^{-12} \times 0.04}{10^{-2}} = 3.54 \times 10^{-11} \quad [\mathrm{F}]$$
$$= 3.54 \times 10^{1} \quad [\mathrm{pF}]$$

> **【例題 3.5】** 平板間距離が d [m] の平行平板コンデンサに電位 V [V] を与えたとき，平板間の電界の大きさ E [V/m] を求めよ。ただし，平板面積が d に比べて十分大きく，平板の端での電界の乱れの影響が無視できるとする。

解答 平行平板コンデンサでは，$V = Ed$ すなわち

$$E = \frac{V}{d} \quad \left[\frac{\mathrm{V}}{\mathrm{m}}\right]$$

と表される。この関係は，本節で導出した電界の大きさと電位の関係式を比較しても明らかである。

また，第 2 章で学んだように，電界の任意方向 r [m] の大きさ E [V/m] と電位 V [V] の関係が，

$$E = -\frac{\partial V}{\partial r}$$

と表された。加えて，平行平板コンデンサの場合は電界の大きさが平板と垂直な成分のみ，かつ位置によらず一様である。このとき，上の解は $\partial V = -E\partial r$ が微分記号を使わずに $V = -Er$ と表されることと対応する。なお，負符号は電界の方向を意味しているので，この符号が省略されているようにみえる点に注意しよう。

3-3-2　同心球殻コンデンサ

図 3.15 に示されるような，半径 a [m] の導体球 A と内半径 b [m] $(a < b)$ の導体球殻 B が中心を同じくして固定されている同心球殻コンデンサの静電容量を求める。導体 A，および導体 B に電荷 $+Q$ [C], $-Q$ [C] の電荷が分布しているとき，A–B 間では，電界が導体球 A から放射状に発生して，導体 B の内面で終わる。このとき，中心から r [m] $(a \leqq r \leqq b)$ の位置での電界の大きさ E [V/m] は，半径 r [m] の球面を閉曲面としてガウスの法則を適用すると，

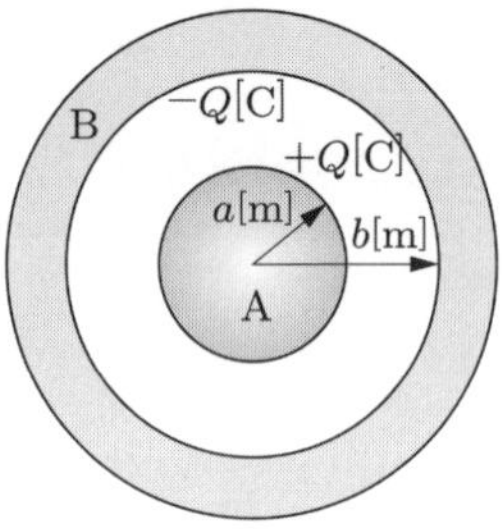

図 3.15　同心球殻コンデンサ

$$E = \frac{Q}{4\pi\varepsilon_0 r^2} \quad \left[\frac{\mathrm{V}}{\mathrm{m}}\right]$$

と求めることができる。これより，導体 B に対する導体 A の電位差 V [V] は，

$$V = -\int_b^a E\mathrm{d}r = -\left[\frac{-Q}{4\pi\varepsilon_0 r}\right]_b^a = \frac{Q}{4\pi\varepsilon_0}\left(\frac{1}{a} - \frac{1}{b}\right) \quad [\mathrm{V}]$$

と表すことができる。したがって，同心球殻コンデンサの静電容量 C [F] はつぎのように表すことができる。

$$C = \frac{Q}{V} = \frac{4\pi\varepsilon_0 ab}{b-a} \quad [\mathrm{F}] \tag{3.11}$$

ところで，静電容量 C はコンデンサの 2 個の導体間の電荷量と電位の比例関係を表す量であるが，孤立した 1 個の導体において無限遠とみなす大地をもう 1 つの導体とみなすことで，導体に分布する電荷を自身の電位で割ったものを孤立導体の静電容量という。式 (3.11) において，b が無限に遠い状況では，つぎのように近似できる。

$$C = \lim_{b\to\infty} \frac{4\pi\varepsilon_0 a}{1 - \dfrac{a}{b}} \approx 4\pi\varepsilon_0 a \quad [\mathrm{F}] \tag{3.12}$$

これは，式 (3.4) より，孤立した半径 a [m] の導体球に Q [C] の電荷を与えた場合の導体表面上の電位 V から求められる静電容量と一致する。

3-3-3 コンデンサの接続

コンデンサは電気・電子回路などにおいて重要な役割を果たし，必要な静電容量を得るために複数個のコンデンサを並列または直列に接続して使うことがある。ここでは，コンデンサが (a) 並列接続された場合と，(b) 直列接続された場合の全体の静電容量，すなわち合成容量がどのようになるのか述べる。

(a) コンデンサの並列接続

図 3.16 のように，静電容量が C_1 [F], C_2 [F] である 2 個のコンデンサが並列に導線で接続されているとする。このとき，端子 a–b 間の電位差を V [V] とすると，電位はその位置にのみによって決まり，経路に依存しないことから，2 個のコンデンサには同じ V [V] の電位が加わる。したがって，各コンデンサには，

$$Q_1 = C_1 V, \qquad Q_2 = C_2 V \quad [\mathrm{C}]$$

の電荷が充電されることになる。端子 a–b 間に充電されている電荷量 Q [C] はこれらの総和であるので，

$$Q = Q_1 + Q_2 = (C_1 + C_2)V$$

と表される。したがって，端子 a–b 間の合成容量 C [F] は

$$C = \frac{Q}{V} = C_1 + C_2 \quad [\mathrm{F}]$$

となる。

一般に，静電容量が $C_1, C_2, \cdots, C_n$ である n 個のコンデンサを並列接続した場合の合成容量 C は

$$C = C_1 + C_2 + \cdots + C_n \quad [\mathrm{F}] \tag{3.13}$$

となり，各コンデンサの静電容量の和で表すことができる。したがって，コンデンサを並列接続することで得られる合成容量としては静電容量を大きくすることができる。

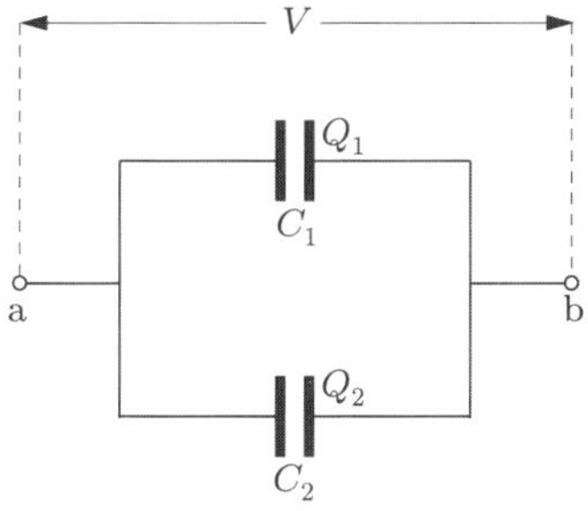

図 3.16 コンデンサの並列接続

(b) コンデンサの直列接続

つぎに，静電容量 C_1 [F], C_2 [F] の 2 個のコンデンサが，**図 3.17** に示すように導線で直列に接続されている場合を考える。端子 a–b 間に V [V] の電位差を与えたとき，全体として Q [C] の電荷が充電されるとすると，端子 a に $+Q$ [C]，端子 b に $-Q$ [C] の電荷

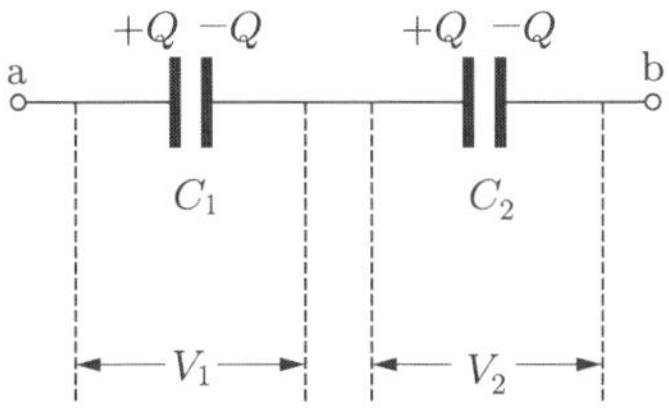

図 3.17 コンデンサの直列接続

が現れることになる。このとき図 3.17 に示すように，静電誘導によりコンデンサの各電極には $\pm Q$ [C] の電荷が現れる。すなわち，すべてのコンデンサに同じ電荷 $\pm Q$ [C] が誘導される。それゆえに，各コンデンサの両端の電位差は，

$$V_1 = \frac{Q}{C_1}, \quad V_2 = \frac{Q}{C_2} \quad [\mathrm{V}]$$

と表すことができる。また，端子 a–b 間の電位差 V [V] はこれらの和，すなわち $V = V_1 + V_2$ となる。したがって，端子 a–b 間の合成容量は，

$$C = \frac{Q}{V} = \frac{Q}{\dfrac{Q}{C_1} + \dfrac{Q}{C_2}} = \frac{1}{\dfrac{1}{C_1} + \dfrac{1}{C_2}} \quad [\mathrm{F}]$$

となる。上式の逆数をとると，

$$\frac{1}{C} = \frac{1}{C_1} + \frac{1}{C_2}$$

と表される。

一般に，静電容量が $C_1, C_2, \cdots, C_n$ である n 個のコンデンサを直列接続した場合の合成容量 C は

$$\frac{1}{C} = \frac{1}{C_1} + \frac{1}{C_2} + \cdots + \frac{1}{C_n} \tag{3.14}$$

となり，各コンデンサの静電容量の逆数の和が，合成容量の逆数となる。したがって，直列接続したときの合成容量は小さくなるが，各コンデンサにかかる電圧を小さくすることができる。たとえば，図 3.17 の場合，コンデンサ C_1 にかかる電圧 V_1 は，

$$V_1 = \frac{Q}{C_1} = \frac{CV}{C_1} = \frac{1}{1 + \dfrac{C_1}{C_2}} V \quad [\mathrm{V}]$$

と表され，$V_1 < V$ となる。同様に，$V_2 < V$ である。したがって，コンデンサを直列接続すると，全体としての耐電圧を大きくすることができる。

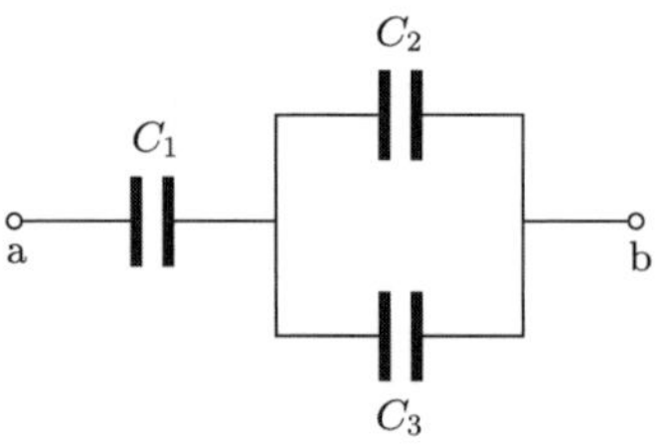

図 3.18　コンデンサの直並列接続

【例題 3.6】　**図 3.18** のように，静電容量がそれぞれ C_1, C_2, C_3 [F] であるコンデンサを接続したときの合成容量 C [F] を求めよ。

解答　C_2 と C_3 が並列接続されている箇所の静電容量は $C_2 + C_3$ [F] であり，これが C_1 と直列接続されているので，

$$\frac{1}{C} = \frac{1}{C_1} + \frac{1}{C_2 + C_3} \quad \text{である。}$$

したがって，合成容量 C は C_1, C_2, C_3 によりつぎのように表せる。

$$C = \frac{C_1(C_2 + C_3)}{C_1 + C_2 + C_3} \quad [\mathrm{F}]$$

3-4　静電エネルギー

導体に電荷を与えると，無限遠に対して電位差をもつようになる。そこへさらに無限遠から正電荷をクーロン力に逆らって運ぶためには，外部からの仕事が必要である。したがって，導体系に電荷が帯電している場合にはエネルギーを蓄積していることになり，これを**静電エネルギー**という。

ここで，静電容量 C [F] のコンデンサに電荷 Q [C] が充電されているときの静電エネルギーを求める。コンデンサに q [C] の電荷が充電されている状態での導体間の電位差 $V(q)$ [V] は，$V(q) = q/C$ で表されるので，ここで微小な正電荷 $\mathrm{d}q$ [C] を移動させるために必要な仕事量 $\mathrm{d}w$ [J] は，

$$\mathrm{d}w = \mathrm{d}qV(q) = \mathrm{d}q\left(\frac{q}{C}\right) \quad [\mathrm{J}] \tag{3.15}$$

と表せる。したがって，この正の電荷 $\mathrm{d}q$ をつぎつぎと移動させて，電荷 q をゼロから Q になるまでに必要な仕事量が静電エネルギー U_e [J] に相当し，つぎのように求めることができる。

$$\begin{aligned} U_e &= \int_0^Q \frac{q}{C}\mathrm{d}q = \frac{1}{C}\left[\frac{q^2}{2}\right]_0^Q \\ &= \frac{1}{2}\frac{Q^2}{C} \quad [\mathrm{J}] \end{aligned}$$

なお，コンデンサに Q [C] の電荷が充電されるときの導体間の電位差 V [V] は $V = Q/C$ なので，V, C, Q のいずれか 2 つを使ってコンデンサに蓄えられる静電エネルギー U_e をつぎのように表すことができる。

$$U_e = \frac{1}{2}\frac{Q^2}{C} = \frac{1}{2}QV = \frac{1}{2}CV^2 \quad [\mathrm{J}] \tag{3.16}$$

図 3.19 はコンデンサに蓄えられる電荷量が増えるに従って，静電エネルギーが大きくなっていく様子を表した図である。

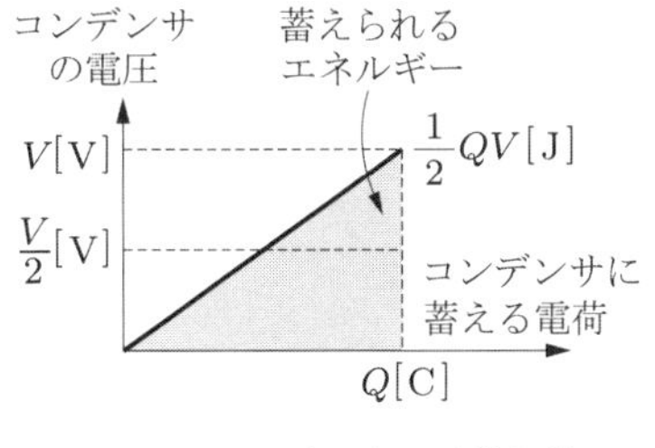

図 3.19　コンデンサの電荷と静電エネルギー

【例題 3.7】 静電容量 $C = 2$ [μF] のコンデンサに電位 $V = 10$ [V] をかけて充電した。

(a) 充電電荷 Q [C] を答えよ。

(b) 静電エネルギー U_e [J] を求めよ。

解答 (a) $Q = CV$ より，

$$Q = 2 \times 10^{-6} \times 10 = 2.0 \times 10^{-5} \quad [\mathrm{C}]$$

(b) $U_e = \dfrac{1}{2}CV^2$ より，

$$U_e = \frac{1}{2} \times 2.0 \times 10^{-6} \times 10^2 = 1.0 \times 10^{-4} \quad [\mathrm{J}]$$

ところで，これまでの U_e の導出では，導体系に電荷が与えられると静電エネルギーをもつと考えたが，電荷が作り出す静電界が担っていると考えることもできる。ここでは簡単のため，平行平板コンデンサを例として静電エネルギーを電界を使って表してみる。

3–3–1 項で考えたように，面積 S [m^2] の 2 個の平板導体がわずかな距離 d [m] 隔てて設置されていて，そこに Q [C] の電荷が充電されているときの電界の大きさ E [V/m] と静電容量 C [F] はつぎのように表される。

$$E = \frac{Q}{\varepsilon_0 S}, \quad C = \frac{\varepsilon_0 S}{d}$$

これらを式 (3.16) に代入すると，

$$\begin{aligned} U_e &= \frac{1}{2}\frac{Q^2}{C} = \frac{1}{2} \times \left(\frac{(\varepsilon_0 S E)^2}{\varepsilon_0 S/d} \right) \\ &= \frac{1}{2}\varepsilon_0 E^2 S d \quad [\mathrm{J}] \end{aligned} \tag{3.17}$$

と表すことができる。上式において，Sd [m^3] はコンデンサの平行平板に挟まれた空間の体積に相当する。したがって，静電エネルギーは，電荷が分布する導体の表面ではなく，平行平板導体に挟まれた空間に蓄えられていると考えることができる。このとき，単位体積当たりの静電エネルギー，すなわち静電エネルギーの体積密度 u [J/m^3] は

$$u = \frac{1}{2}\varepsilon_0 E^2 \quad \left[\frac{\mathrm{J}}{\mathrm{m}^3}\right] \tag{3.18}$$

と表すことができる。この関係は，平行平板コンデンサの場合に成り立つだけではなく，より一般的に成り立つものである。すなわち，電

界が発生している場合にはそこに電気的なエネルギーが蓄えられており，その大きさは式 (3.18) で表される。

【例題 3.8】 5.0×10^{-10} [C] の電荷が静電容量 0.1 [nF] の平行平板コンデンサに充電されているとき，コンデンサの平板間に蓄えられている静電エネルギーの体積密度 u [J/m^3] を求めよ。ただし，平板間距離 $d = 0.5$ [mm] とし，$\varepsilon_0 = 8.85 \times 10^{-12}$ として計算せよ。

解答　平板間の電位 V [V] は，$V = Q/C$ より，

$$V = \frac{5.0 \times 10^{-10}}{0.1 \times 10^{-9}} = 5.0 \text{ [V]} \quad \text{である。}$$

また，電界の大きさ E は

$$E = \frac{V}{d} = \frac{5.0}{0.5 \times 10^{-3}} = 1.0 \times 10^4 \quad \left[\frac{\text{V}}{\text{m}}\right]$$

であるから，静電エネルギーの体積密度 u はつぎのように求められる。

$$u = \frac{1}{2}\varepsilon_0 E^2 = \frac{8.85 \times 10^{-12} \times (10^4)^2}{2} = 4.43 \times 10^{-4} \quad \left[\frac{\text{J}}{\text{m}^3}\right]$$

3-5　導体に働く電気力

平行平板コンデンサに電荷が蓄えられているとき，各極板には異符号の電荷が分布するため，クーロン力として引力 F [N] が働く。ここでは，この引力 F を前節で学んだ静電エネルギー U_e [J] を使って表す。以下のような，平板の変位を仮定してエネルギーの仮想的な変位量から力を求める方法は仮想変位法とよばれる。

平行平板コンデンサに電荷 Q [C] が充電されているとき，平板同士には引力 F が働いている。**図 3.20** に示すように，この引力により平行平板間距離がわずかな距離 Δd [m] だけ短くなるとする。コンデンサに充電されている電荷量に変化がないとすれば，平行平板距離が変化すると，式 (3.17) で示されるようにコンデンサの静電エネルギーも変化するはずであり，このときの変化量を ΔU_e [J] で表す。この場合，コンデンサには外部との電荷の流出入がないため，引力による仕事量 $F\Delta d$ [J] と，静電エネルギーの変化量 ΔU_e に保存則が成り立つはずである。これを式で表すと，

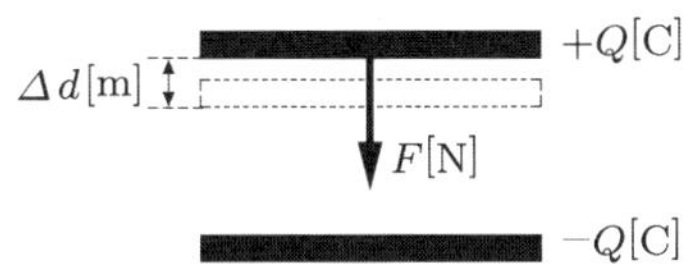

図 3.20　仮想変位法

$$F\Delta d + \Delta U_e = 0 \qquad \left(F = -\frac{\Delta U_e}{\Delta d}\right) \quad \text{[N]}$$

と書ける。したがって，$\Delta d \to 0$ の極限では，

$$F = -\frac{\partial U_e}{\partial d} \tag{3.19}$$

と表すことができる。ここで，微分記号が偏微分で表されているのは，平板間距離を d だけを変化させたときの U_e の変化を考えているからである。したがって，式 (3.17) を上式に代入すると，平板間に働く力は

$$F = -\frac{1}{2}\varepsilon_0 E^2 S \quad [\mathrm{N}] \tag{3.20}$$

と書ける。ここで，符号が負であるのは，平板間距離 d を減少させる向きに力が働くことを示している。また，単位面積当たりに働く力 f $[\mathrm{N/m^2}]$ は，

$$f = -\frac{1}{2}\varepsilon_0 E^2 \quad \left[\frac{\mathrm{N}}{\mathrm{m^2}}\right] \tag{3.21}$$

と表すことができる。

演習問題 3

3.1 5.0×10^{-8} [C] の電荷が充電されているコンデンサの電位差が 10 [V] であるときの静電容量 C [F] を求めよ。

3.2 **図 3.21** のように，軸方向に十分長い半径 a [m], b [m] $(a<b)$ の同軸円筒コンデンサの単位長さ当たりの静電容量 C' [F/m] を求めよ。

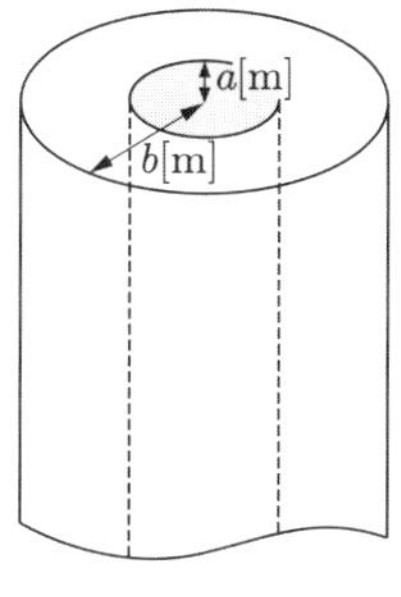

図 3.21

3.3 無限に広い平板状導体の表面に一様な面密度 σ [C/m^2] で電荷が分布している。この平板状導体から距離 r [m] の位置における電界の大きさと電位を求めよ。ただし，導体面の電位を V_0 [V] とする。

3.4 **図 3.22** のように，半径 $R_{\rm A}$ [m], $R_{\rm B}$ [m] の 2 つの導体球 A と B が互いに十分離れて設置され，これらの導体球にそれぞれ電荷 $Q_{\rm A}$ [C], $Q_{\rm B}$ [C] が与えられているとする。つぎの問いに答えよ。

(a) A, B の表面での電界の大きさ $E_{\rm A}, E_{\rm B}$ [V/m]，ならびに電位 $V_{\rm A}, V_{\rm B}$ [V] を求めよ。

(b) 導体間を細い導線で接続したとき，各々の表面における電界の大きさ $E'_{\rm A}, E'_{\rm B}$ [V/m] を求めよ。

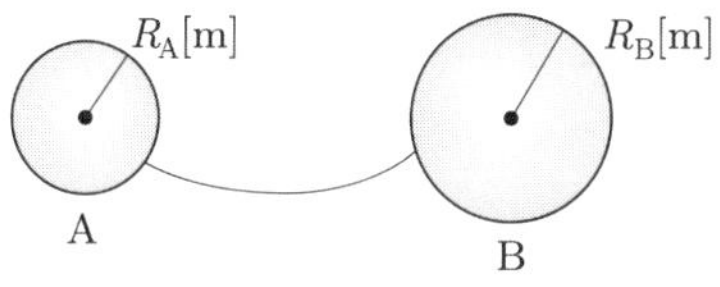

図 3.22

3.5 3–2 節の半無限導体と点電荷が作る静電界において，つぎの問いに答えよ。

(a) 導体表面上 $(x=0)$ に分布する電荷密度 σ [C/m^2] を求めよ。

(b) (a) で求めた電荷密度 σ を使って，導体表面 (y–z 無限平面) 上に誘導される電荷の総量が点電荷と同じ大きさで符号が異なる $-q$ [C] であることを示せ。

3.6 **図 3.23** の回路の合成容量 C' [F] を求めよ。

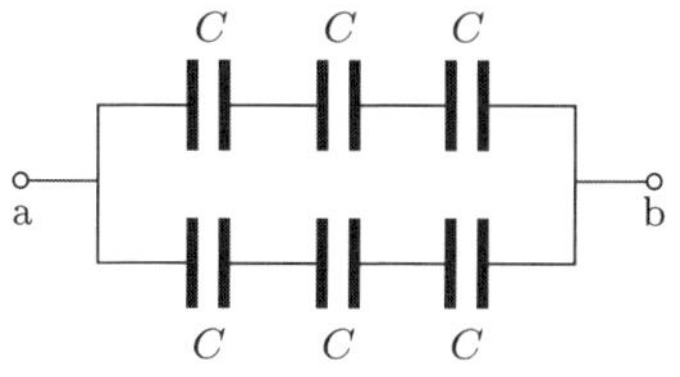

図 3.23

第４章　誘電体

金属などの導体内部の電荷は，電界があればその表面まで自由に動くことができる。これに対して，誘電体は自由に動く電荷をもたない物質で，絶縁体ともよばれる。誘電体が静電界の影響を受けると，誘電体の内部で電荷の自由な移動は現れないが，電界の様子が乱されて真空中とは異なる振る舞いを示す。
本章では，誘電体が静電界中でどのように振る舞うのかを説明する。

4-1 誘電体の働き

表 4.1　各種物質の比誘電率

物　質	比誘電率
ベークライト	4.5 〜 5.5
エボナイト	2.8
ガラス	5.4 〜 9.9
大理石	8.3
雲　母	2.5 〜 6.6
紙	2.0 〜 2.6
パラフィン	2.1 〜 2.5
ゴ　ム	2.0 〜 3.5
チタン酸バリウム	2000 〜 3000
酸化チタンセラミック	60 〜 100
ステアタイト磁器	5.5 〜 6.5
ポリエチレン	2.25 〜 2.3
硬質塩化ビニル	3.2 〜 3.6
水	75 〜 81
空　気	1.000586
窒　素	1.000606
炭酸ガス	1.000985
真　空	1

ファラデーは，真空ではC_0 [F] の静電容量をもつコンデンサの導体間に誘電体を詰めると，その定数 (κ) 倍の静電容量となることを示した。第3章で確認したように，真空中での平行平板コンデンサの静電容量C_0は

$$C_0 = \frac{\varepsilon_0 S}{d} \quad [\mathrm{F}]$$

で表される。ここで，S [m^2] は平板の面積，d [m] は2枚の平板間の距離なので，コンデンサの形状に依存するものであり，コンデンサの平板間が真空でも誘電体を詰めても変化しない。したがって，平板間に誘電体を詰めるとκ倍の静電容量$C(=\kappa C_0)$ [F] になるということは，ε_0がκ倍されたことに相当する。すなわち，

$$\varepsilon = \kappa\varepsilon_0 \quad \left[\frac{\mathrm{C}^2}{\mathrm{N}\cdot\mathrm{m}^2}\right] \tag{4.1}$$

として，誘電体中ではε_0をεに置き換えて考えることができる。このとき，κは真空中と誘電体中の誘電率の比であるので，**比誘電率**という。種々の物質は固有の比誘電率の値をもっており，この値を**表 4.1** に示す。ガラスやゴムなどの代表的な誘電体は$\kappa > 1$であり，誘電率が真空中よりも何倍も大きい。なお，真空の誘電率ε_0は$\varepsilon_0 \fallingdotseq 8.85 \times 10^{-12}$である。

詳しくは4–5節で述べるが，比誘電率κが1ではない真空中とは異なる物質中の静電界を考える際には，これまでに学んできた静電界の法則で現れる真空の誘電率ε_0を物質固有の誘電率$\varepsilon(=\kappa\epsilon_0)$に置き換えて考えればよい。たとえば，固有の誘電率$\varepsilon$をもつ誘電体中に，点電荷$Q$ [C] が存在し電界を作っているとする。そのときに点電荷からr [m] 離れた位置での電界の大きさEは，ガウスの法則より，

$$E = \frac{Q}{4\pi\varepsilon r^2} \left(= \frac{Q}{4\pi\kappa\varepsilon_0 r^2}\right) \quad \left[\frac{\mathrm{V}}{\mathrm{m}}\right]$$

と表すことができる。誘電体中では一般に$\kappa > 1$であるので，真空中の場合と比較すると電界の大きさが弱くなることが示唆される。これらを理解するためには，静電界の影響を受けた際に誘電体内部がどのようになっているかを考える必要がある。

4-2　誘電分極

誘電体を構成する原子は原子核と電子の拘束力が強く，自由電子はきわめて少ないため，静電誘導のような電荷が自由に移動する現象は起きない。しかし，**図 4.1** に示すように誘電体は外部から電界の影響を受けると，正電荷をもつ原子核は電界の方向，負電荷の電子はそれとは反対の方向へわずかな変位が生じる。すると，原子単位で電気的な中性が崩れた原子の状態を遠くからみると，正負の電荷がわずかに離れて分布する電気双極子としてみなすことができる。そこで，電気双極子を使って考えると，誘電体が外部の静電界の影響を受けている際には**図 4.2** のような状態であると考えることができる。このように，誘電体が外部からの影響を受けて現れる正負の電荷の分離を**誘電分極**，または単に**分極**という。

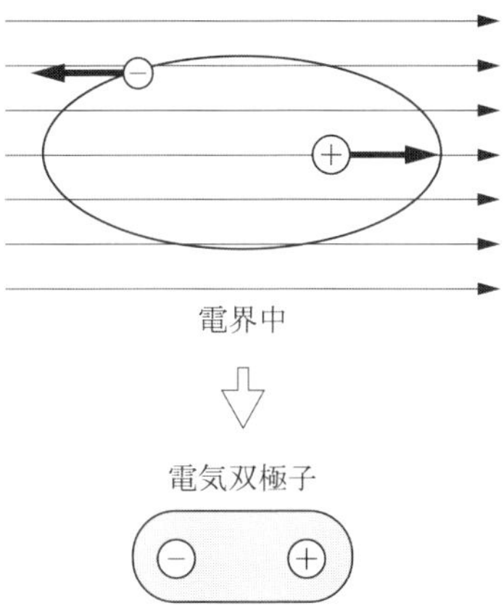

図 4.1　原子の分極と電気双極子

分極が現れているとき，誘電体内部では図 4.2 で示されるように多数の電気双極子ができているが，正負の電荷が隣り合って互いに打ち消しあうような状態になるとみなせる。しかし，静電誘導の場合とは異なり，誘電体内部に電荷分布が生じているために電界が発生できることになる。また，誘電体表面では分極によって生じた電荷が現れることになり，この電荷を**分極電荷**という。第 3 章でみたように，孤立した導体に電荷を与えると，正負の電荷が導体表面上にそれぞれ単独で存在し，これを**真電荷**という。これに対して，誘電体表面に現れる分極電荷は必ず正負の電荷が対となって現われる。

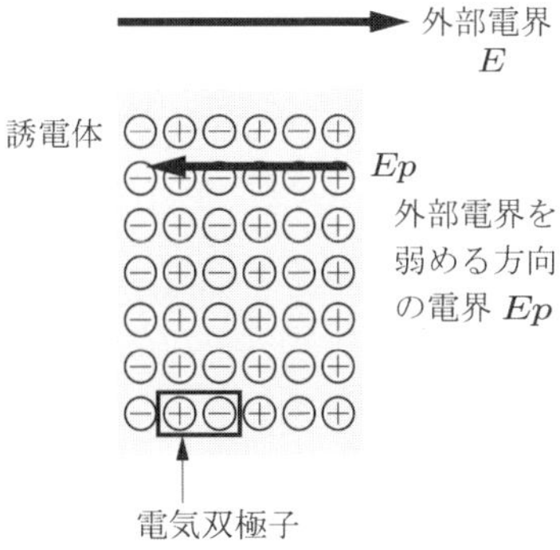

図 4.2　誘電分極

4-3　分極ベクトル

外部電界による誘電体の分極の影響を定量化するために，誘電体の分極の様子は，誘電体中に膨大に存在する個々の電気双極子を平均化したもので表すと都合がよい。このときの平均化は誘電体中に現れる電気双極子モーメントの体積による平均として，つぎのように考えられる。

個々の電気双極子モーメント $\boldsymbol{p}_i$ は，第 2 章で学んだように，負電荷から正電荷の方向を正とするベクトル量であり，その大きさは分極しているときの電荷量を q_p [C], そのときの正負電荷の変異を d [m] とす

ると $q_p d$ [C·m] で表される。ここで，誘電体内部の微小な体積を考えて，その中の N 個の電気双極子モーメントの総和をとり，その領域の体積 ΔV [m^3] で割ったものは，

$$\boldsymbol{P} = \frac{\displaystyle\sum_{i=1}^{N} \boldsymbol{p}_i}{\Delta V} \quad \left[\frac{\mathrm{C}}{\mathrm{m}^2}\right] \tag{4.2}$$

で表され，$\boldsymbol{P}$ を**分極ベクトル**という。また，単位体積当たりの電気双極子モーメントが空間的位置に依存せずに一定とみなせる場合に $\boldsymbol{p}$ で表される場合には，その数密度を n [1/m^3] とすると，

$$\boldsymbol{P} = n\boldsymbol{p}$$

と表すことができる。

分極ベクトルの大きさの次元は [C/m^2] であることからもわかるように，分極を電荷密度でとらえることに相当する。すなわち，分極の大きさを電荷密度として，静電界の影響を受けた誘電体中を単位面積当たりにどのぐらいの電荷量が変位して通過したのかを表す量である。このように，個々の電気双極子の様子を考えるのではなく，平均化して考えるのである。そして，この電荷密度が誘電体表面に現れるとみなせ，この電荷が分極電荷である。したがって，分極電荷の面密度を σ_p [C/m^2] で表すとき，これが分極ベクトルの大きさ P に対応する。すなわち，

$$P = \sigma_p \quad [\mathrm{C/m^2}] \tag{4.3}$$

と書ける。

通常の誘電体では，電界 $\boldsymbol{E}$ があまり強くなければ，分極ベクトル $\boldsymbol{P}$ に比例することが知られていて，つぎのように表される。

$$\boldsymbol{P} = \chi_e \varepsilon_0 \boldsymbol{E} \tag{4.4}$$

ここで，χ_e は**電気感受率**という。

【例題 4.1】 水に $E = 5.0 \times 10^3$ [V/m] の電界を印加した場合の分極電荷の面密度 σ_p [C/m^2] を求めよ。ただし，水の電気感受率 $\chi_e = 79$，および真空の誘電率 $\varepsilon_0 = 8.85 \times 10^{-12}$ として計算せよ。

解答　分極電荷の面密度は，分極ベクトルの大きさ P である。式 (4.4) より，

$$\begin{aligned}\sigma_p &= P = \chi_e \varepsilon_0 E \\ &= 79 \times 8.85 \times 10^{-12} \times 5.0 \times 10^3 = 3.50 \times 10^{-6} \quad [\mathrm{C/m^2}]\end{aligned}$$

4-4　電束密度

ここでは，平行平板コンデンサを対象として，さらに誘電体を考えてみる。**図 4.3**(a) の真空中のコンデンサを Q [C] で充電すると，平行平板の導体に真電荷 $\pm Q$ [C] が現れ，これが電界 E_0 [V/m] を導体間に発生させ，

$$E_0 = \frac{Q}{\varepsilon_0 S} = \frac{\sigma}{\varepsilon_0} \quad \left[\frac{\mathrm{V}}{\mathrm{m}}\right]$$

と表すことができる。ここで，S [m^2] は平板の面積であり，σ [C/m^2] は真電荷密度を表す。

つぎに，図 4.3(b) に示すように，平行平板の間に誘電体を詰めると，誘電体は分極を起こし，分極電荷 σ_p [C/m^2] が現れる。分極電荷は電界 E_p を作り，その方向は真電荷が作る電界 E_0 と反対向きに発生することになる。このとき，電界 E_p は，

$$E_p = \frac{\sigma_p}{\varepsilon_0} = \frac{P}{\varepsilon_0} \quad \left[\frac{\mathrm{V}}{\mathrm{m}}\right] \tag{4.5}$$

と書くことができる。ここで，P は分極ベクトルの大きさである。それゆえ，誘電体中の電界の大きさ E は，

$$E = E_0 - E_p = E_0 - \frac{P}{\varepsilon_0} \quad \left[\frac{\mathrm{V}}{\mathrm{m}}\right] \tag{4.6}$$

と表すことができる。したがって，誘電体内部では真電荷による電界 E_0 が分極電荷による電界によって弱められるが，E_0 を打ち消すほどは大きくない。また，電界や分極ベクトルはベクトル量であるので，上式をベクトル表記すると，

$$\boldsymbol{E} = \boldsymbol{E}_0 - \frac{\boldsymbol{P}}{\varepsilon_0} \quad \left[\frac{\mathrm{V}}{\mathrm{m}}\right] \tag{4.7}$$

と書くことができる。

さて，ここで以下のように誘電体中の電界 $\boldsymbol{E}$ と分極ベクトル $\boldsymbol{P}$ によって定義されるつぎのベクトル $\boldsymbol{D}$ を導入する。

$$\boldsymbol{D} = \varepsilon_0 \boldsymbol{E} + \boldsymbol{P} \quad [\mathrm{C/m^2}] \tag{4.8}$$

このように定義される $\boldsymbol{D}$ を**電束密度ベクトル**という。このベクトル $\boldsymbol{D}$ の物理的な次元は，分極ベクトル $\boldsymbol{P}$ の次元と同じ電荷密度，すなわち [C/m^2] である。

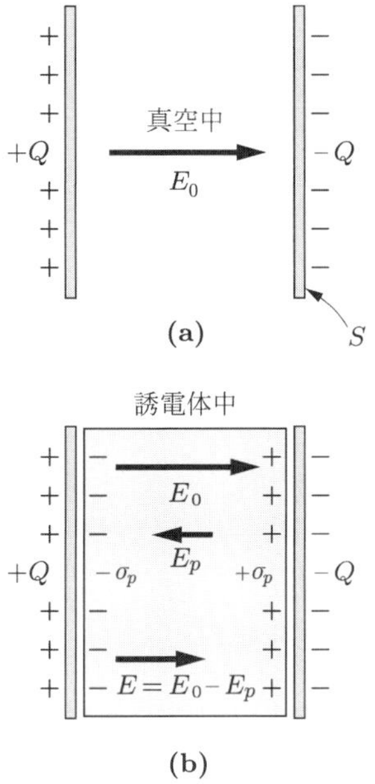

図 4.3　コンデンサと誘電分極

誘電体中での電束密度の大きさ D は，式 (4.8) より，

$$D = \varepsilon_0 E + P = \varepsilon_0 \left(\frac{\sigma - \sigma_p}{\varepsilon_0} \right) + \sigma_p = \sigma \quad \left[\frac{\mathrm{C}}{\mathrm{m}^2} \right]$$

と表せる。一方，図 4.3(a) の場合のような真空中では，分極電荷は存在しないので $P = 0$ であり，$E = E_0$ なので，

$$D = \varepsilon_0 E_0 = \varepsilon_0 \times \frac{\sigma}{\varepsilon_0} = \sigma \quad \left[\frac{\mathrm{C}}{\mathrm{m}^2} \right]$$

と書ける。したがって，電束密度は真電荷密度にのみ関係し，誘電体，真空に関わらず同じ大きさをもつものとして定義されていることがわかる。すなわち，誘電体中ではその大きさが変化してしまう電界 $\boldsymbol{E}$ の考え方に対して，誘電体中，真空中に関わらず変化しない量として考えられるのが電束密度 $\boldsymbol{D}$ である。電界 $\boldsymbol{E}$ における電気力線と同様に，電束密度 $\boldsymbol{D}$ の方向に一致した曲線群を**電束線**といい，電束密度は真電荷のみに関係していることから，電束線は誘電体中でも変化しないものとして考えることができる。

図 4.4 に示すように，誘電体も存在している空間の中にある閉曲面 S を設定して，ガウスの法則を考える。ガウスの法則より，

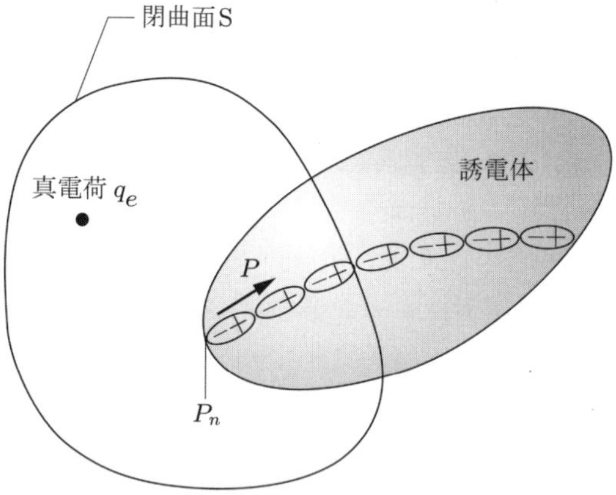

図 4.4　誘電体がある場合のガウスの法則

$$\int_{\mathrm{S}} E_n \mathrm{d}S = \frac{q_e + q_p}{\varepsilon_0} \tag{4.9}$$

と書ける。ここで，q_e [C], q_p [C] はそれぞれ，閉曲面 S 内の外部電荷（真電荷），および分極電荷である。ここで，分極電荷は，分極ベクトル $\boldsymbol{P}$ を閉曲面にわたって面積分することで求めることができる。すなわち，

$$q_p = -\int_{\mathrm{S}} \boldsymbol{P} \cdot \boldsymbol{n} \mathrm{d}S = -\int_{\mathrm{S}} P_n \mathrm{d}S \quad [\mathrm{C}] \tag{4.10}$$

と表すことができる。上式を式 (4.9) に代入すると，

$$\int_{\mathrm{S}} (\varepsilon_0 E_n + P_n)\,\mathrm{d}S = q_e \tag{4.11}$$

したがって，この関係式を電束密度 $\boldsymbol{D}$ の大きさ D_n を使って表すと，

$$\int_{\mathrm{S}} D_n \mathrm{d}S = q_e \tag{4.12}$$

となり，真空の誘電率 ε_0 が現れない，より簡潔な関係式で表すことができる。これが，電束密度に関するガウスの法則であり，電磁気学の基礎方程式であるマクスウェルの方程式の 1 つである。

4-5 誘電率

電束密度 $\boldsymbol{D}$ の定義式 (4.8) と，分極ベクトル $\boldsymbol{P}$ と電界 $\boldsymbol{E}$ との関係式 (4.4) より，

$$\begin{aligned}\boldsymbol{D} &= \varepsilon_0 \boldsymbol{E} + \boldsymbol{P} = \varepsilon_0 \boldsymbol{E} + \chi_e \varepsilon_0 \boldsymbol{E} \\ &= (1 + \chi_e)\varepsilon_0 \boldsymbol{E} \quad [\mathrm{C/m^2}]\end{aligned}$$

と表すことができる。ここで，

$$\varepsilon = (1 + \chi_e)\varepsilon_0 \quad [\mathrm{C^2/(N \cdot m^2)}] \tag{4.13}$$

で表される ε を**誘電率**という。誘電率 ε を使うと電束密度は，

$$\boldsymbol{D} = \varepsilon \boldsymbol{E} \quad [\mathrm{C/m^2}] \tag{4.14}$$

と書くことができる。これは，電束密度の定義式 (4.8) を誘電率 ε を使って表した再定義であり，後述のように静電界を一般化して簡潔に表す際に便利である。

また，4–1 節で触れたように，誘電体中の誘電率 ε と真空の誘電率 ε_0 との比，すなわち $\varepsilon/\varepsilon_0$ は**比誘電率** κ とよばれ，式 (4.13) より比誘電率 κ と電気感受率 χ_e との関係は，

$$\kappa = 1 + \chi_e \tag{4.15}$$

で表される。比誘電率 κ（ならびに電気感受率 χ_e）は物質固有の物理的な次元をもたない値であり，表 4.1 に示されるようにこれらが物質ごとに変化する。

【例題 4.2】 比誘電率 $\kappa = 5$ の誘電体に外部から $E_0 = 10$ [V/m] の電界を加えたとき，誘電体内部の電界の大きさ E [V/m] を求めよ。

解答　電束密度の大きさは，誘電体内部 $\kappa\varepsilon_0 E$, およびその外部 $\varepsilon_0 E_0$ で等しい。したがって，$\kappa\varepsilon_0 E = \varepsilon_0 E_0$ より，

$$E = \frac{\varepsilon_0 E_0}{\kappa\varepsilon_0} = \frac{E_0}{\kappa} = 2 \quad \left[\frac{\mathrm{V}}{\mathrm{m}}\right]$$

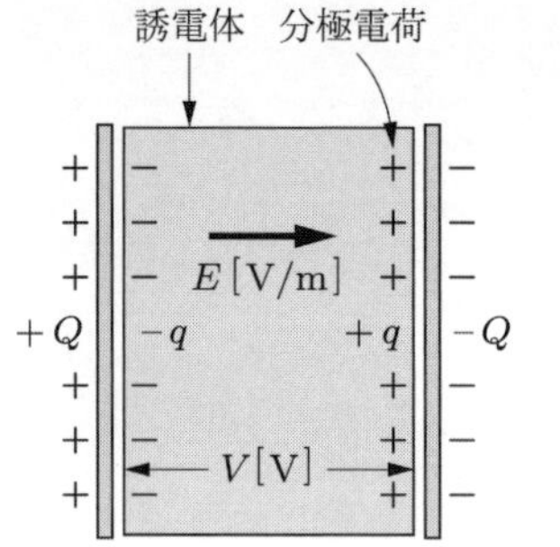

図 4.5　誘電体を詰めたコンデンサ

ここで**図 4.5** のように，誘電率 ε の誘電体を詰めたコンデンサで，真空中と比べてどのような違いが生じるかを示そう。平行平板間の間隔が d [m] でその面積が S [m^2] であるコンデンサに，Q [C] の電荷が充電されている。このとき，電束密度の大きさ D は真電荷に等しい。すなわち，誘電体中の電界の大きさを E [V/m] とすると，

$$D = \frac{Q}{S} = \varepsilon E \quad \left[\frac{\mathrm{C}}{\mathrm{m}^2}\right] \tag{4.16}$$

と書ける。

また，コンデンサの電位と静電容量をそれぞれ V [V], C [F] とすると，これらはそれぞれ，

$$\begin{cases} E = \dfrac{Q}{\varepsilon S} = \dfrac{1}{\kappa} \times \dfrac{Q}{\varepsilon_0 S} & \left[\dfrac{\mathrm{V}}{\mathrm{m}}\right] \\ V\,(= Ed) = \dfrac{Qd}{\varepsilon S} = \dfrac{1}{\kappa} \times \dfrac{Qd}{\varepsilon_0 S} & [\mathrm{V}] \\ C\left(= \dfrac{Q}{V}\right) = \dfrac{\varepsilon S}{d} = \kappa \times \dfrac{\varepsilon_0 S}{d} & [\mathrm{F}] \end{cases} \tag{4.17}$$

と表すことができる。したがって，誘電体を詰めたコンデンサの静電容量は真空中の容量の比誘電率 κ 倍となり，ファラデーの実験結果と一致する。これにより，コンデンサの静電容量は $\kappa > 1$ の誘電体を平板間に詰めると大きくすることができ，コンデンサに印加する電位が小さくても多くの電荷が充電されるなど実用上重要である。

つぎに，静電界の法則式が誘電体中でどのように考えればよいか確認する。誘電率 ε で満たされた空間の静電界を考える際，分極を考慮したガウスの法則を表す式 (4.12) に $\boldsymbol{D} = \varepsilon \boldsymbol{E}$ を適用すると，

$$\int_{\mathrm{S}} E_n \mathrm{d}S = \frac{q_e}{\varepsilon}$$

と書くことができる。ここで，q_e [C] は閉曲面内の真電荷である。上式と真空中のガウスの法則を比べると，ε_0 が ε に置き換わっただけの式である。第 2 章でみたように，ガウスの法則を出発点としてさまざ

まな静電界の法則式が導かれたことから，これらの法則式に現れる真空の誘電率 ε_0 は ε に置き換えられることになる。したがって，誘電率 ε で満たされた空間で静電界を考える際には，真空中での法則式に現れる ε_0 を $\varepsilon(=\kappa\varepsilon_0)$ に置き換えた式で考えればよい。

【例題 4.3】　誘電率 ε の誘電体を詰めた平板の面積が S [m^2], 平板間距離が d [m] の平行平板コンデンサに関して，

(a) 静電容量を求めよ。

(b) 誘電体表面に現れる分極電荷の面密度 σ_p [C/m^2] を求めよ。

ただし，真空の誘電率を ε_0 とする。

解答　(a)（平板の端の電界の乱れが無視できるとすれば）平板間に発生する電界 E [V/m] は一定で，

$$E = \frac{\sigma}{\varepsilon} \quad \left[\frac{\mathrm{V}}{\mathrm{m}}\right]$$

また，電位 V [V] は $V = Ed = \dfrac{\sigma d}{\varepsilon}$, 充電されている電荷 $Q = \sigma S$ [C] なので，静電容量 C はつぎのように求められる。

$$C = \frac{Q}{V} = \frac{\sigma S}{\dfrac{\sigma d}{\varepsilon}} = \frac{\varepsilon S}{d} \quad [\mathrm{F}]$$

(b) 式 (4.5), (4.6) より，

$$\sigma_p = \sigma - \varepsilon_0 E = \sigma - \varepsilon_0 \frac{\sigma}{\varepsilon} = \sigma\left(1 - \frac{\varepsilon_0}{\varepsilon}\right) \quad [\mathrm{C/m^2}]$$

【例題 4.4】　2 つの素電荷 $\pm e(= 1.60 \times 10^{-19}$ [C]) が 1 [μm] 離れて，真空中および水中にあるときの静電引力をそれぞれ求めよ。ただし，水の比誘電率 κ は 80 として計算せよ。

解答

$$F = \frac{e^2}{4\pi\kappa\varepsilon_0 r^2} = \frac{(1.60 \times 10^{-19})^2}{4 \times \pi \times \kappa \times 8.85 \times 10^{-12} \times (1 \times 10^{-6})^2}$$
$$= \frac{2.30 \times 10^{-16}}{\kappa}$$

よって，

真空の場合 ($\kappa = 1$), $F = 2.30 \times 10^{-16}$ [N]

水の場合 ($\kappa = 80$), $F = 2.87 \times 10^{-18}$ [N]

4-6　分極の機構と強誘電体

これまでに，誘電体の分極を平均化して誘電率という定数を変化させることに帰着させることを考えた。しかし，分極の機構を考える際には微視的な視点からみる必要があり，ここでは簡単に分極の機構を確認する。

誘電体を構成する分子には，外部から電界をかけたときに電気双極子モーメントをもつ非極性分子と，はじめから電気双極子モーメントをもつ極性分子があり，これらの分子から生ずる分極の機構はつぎのように大別される。

■ 非極性分子

(a) 電子分極

ヘリウムのような単原子分子に外部から電界をかけると，図 4.1 に示したように，電子が電界方向に引きつけられ，原子核はその反対方向に動いて，電気双極子モーメントができる。このような分極を**電子分極**という。

(b) イオン分極

イオン結晶では，正負のイオンが交互に規則正しく並んで結晶を作る。外部から電界を加えると，正負のイオンが相互に変位して電気双極子モーメントが作られ，この分極を**イオン分極**という。

■ 極性分子

(c) 配向分極

水に代表されるような極性分子では，外部電界の影響がないと各双極子は互いにバラバラな方向を向き，平均化したときの電気双極子モーメントはゼロとみなせるため，分極はみられない。しかし，外部電界の影響を受けると，双極子の向きが揃うことにより分極が現れる。この分極を**配向分極**という。

外部電界が存在するときだけ分極を起こす物質を**常誘電体**といい，分極の強さは電界の大きさに比例すると考えることができる。また，ロッシェル塩やチタン酸バリウムなどの物質は，ある温度範囲では外部電界がなくても分極をもち（これを**自発分極**という），これらの物質を**強誘電体**という。強誘電体での分極の大きさは電界に比例せず，**図 4.6** に示すように**履歴現象**（または，**ヒステリシス**）などの複雑な特性を示す。

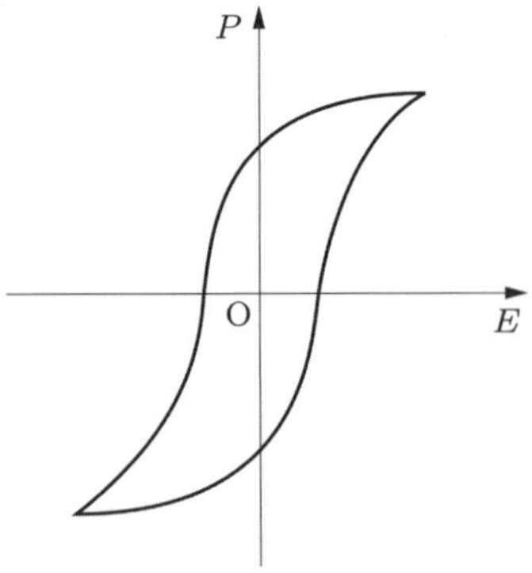

図 4.6　分極と電界の履歴現象

演習問題 4

4.1 **図 4.7** のように面積が S [m^2] の平行平板コンデンサの間を誘電率 $\varepsilon_1, \varepsilon_2$ の誘電体で満たしたコンデンサの静電容量を求めよ。

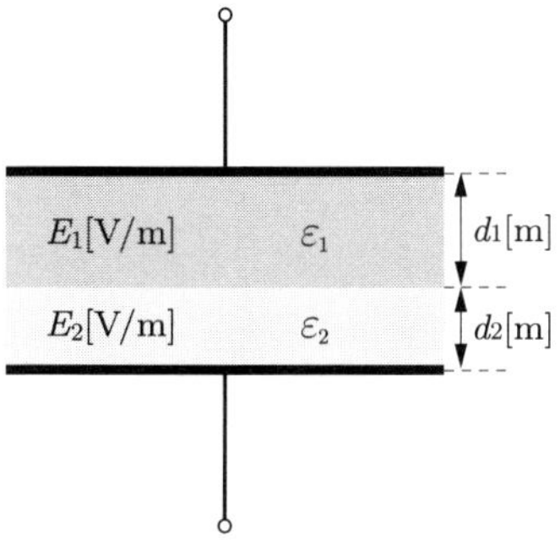

図 4.7

4.2 比誘電率 $\kappa = 5$ の誘電媒質中にある 2 つの点電荷間に 2.0×10^{-3} [N] の力が働くとき，同じ電荷が真空中にある場合に働く力 F [N] を求めよ。

4.3 電束密度の大きさが $D = 4.0 \times 10^{-6}$ [C/m^2] のとき，比誘電率 $\kappa = 3.5$ の誘電体中の分極ベクトルの大きさ P [C/m^2] を求めよ。

4.4 誘電率 ε_1 の誘電体を詰めたコンデンサを電位 V_1 [V] に充電する。**図 4.8** に示すように，このコンデンサに誘電率 ε_2 の誘電体を詰めた同じサイズのコンデンサを並列接続したとき，電位が V_2 [V] となったとする。このときの誘電率比 $\varepsilon_1/\varepsilon_2$ を求めよ。

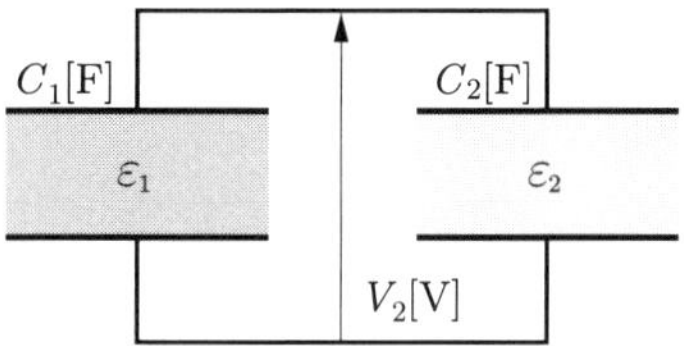

図 4.8

4.5 比誘電率 $\kappa = 5$ の誘電体の中の電界 E が 100 [V/m] のとき，この誘電体に含まれる静電エネルギーの体積密度 u [J/m^3] を求めよ。ただし，真空の誘電率 $\varepsilon_0 = 8.85 \times 10^{-12}$ として計算せよ。

4.6 **図 4.9** のように，半径 a [m] の導体球を，誘電率 ε，半径 b [m] $(b > a)$ の誘電体球で包み，導体球に真電荷 $+Q$ [C] を与えたとする。このとき，つぎの問いに答えよ。ただし，誘電体球外部は真空で，誘電率を ε_0 とする。

(a) 電束密度の大きさ $D(r)$ [C/m^2] を求めよ。

(b) 誘電体内 $(a \leqq r < b)$ の電界の大きさ $E_{\rm in}(r)$ [V/m] と，誘電体外部 $(r \geqq b)$ の電界の大きさ $E_{\rm out}(r)$ [V/m] を求めよ。

(c) (b) で対象とした各領域での電位 $V_{\rm in}(r)$ [V]，および $V_{\rm out}(r)$ [V] をそれぞれ求めよ。

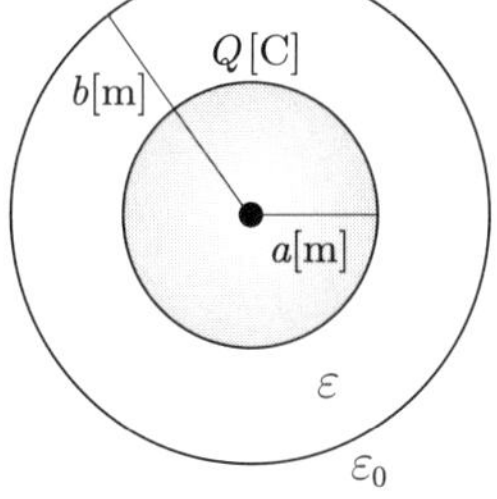

図 4.9

4.7 **図 4.10** のように，半径 a [m] の導体球 A と内半径 c [m] の導体球殻 B が同心になっている同心球コンデンサが，電極間の半径 b $(a < b < c)$ を境に異なる誘電率 $\varepsilon_1, \varepsilon_2$ の誘電体で満たしたとする。また，導体球 A に $+Q$ [C]，導体球殻 B に $-Q$ [C] の電荷が充電されている。このとき，

(a) 球の中心から r [m] 離れた場所での電界の大きさ $E(r)$ を求めよ。

(b) 電極間の電位差 V [V] を求めよ。

(c) このコンデンサの静電容量を求めよ。

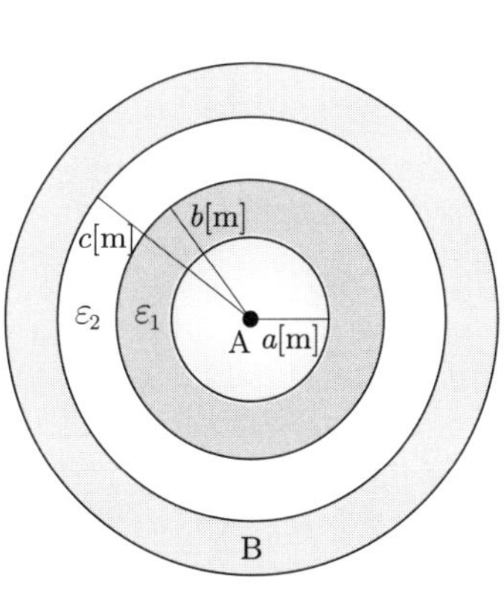

図 4.10

第５章　定常電流

静電界では電荷の位置，すなわち電界の様子が時間によって変化せず，静止している場合について考えてきた。これに対して，本章では電荷が移動する状況を考える。

(出所：フリー写真素材 フォトック</a>)

5-1　導体を流れる電流

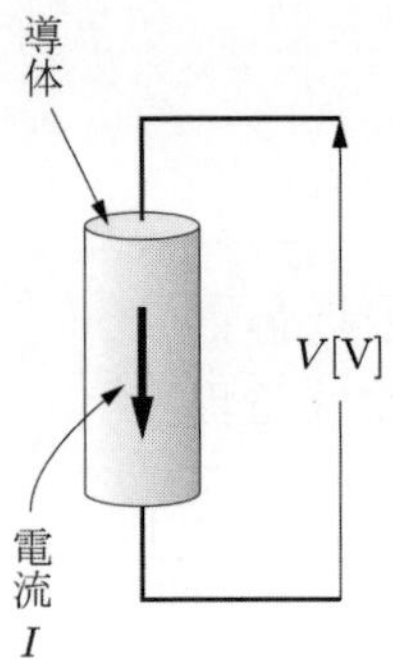

図 5.1　導体に電位差を与えた場合に発生する電流

第3章でみたように，孤立した導体の内部の電界はゼロであるが，**図 5.1** のように導体間に電位差を与えると，導体内に電界が生じて電荷が移動するようになる。このような電荷が移動して発生する電気の流れを**電流**という（平行平板コンデンサの極板間で考えられる電荷の移動を伴わない電流もあるが，詳しくは後続の章で考えることとし，ここでは電荷の移動による電流を中心に考えていくことにする)。

電流は電荷の移動であるので，その移動方向と大きさはつぎのようにして決定される。電流の方向は正電荷の移動の向きを正とする。ただし，実際には導体中では自由に移動できる負電荷の電子が，電位が低い方から高い方，すなわち電界方向と逆方向にクーロン力を受けて移動する。したがって，電流の正方向は電子の流れと反対方向である。つぎに，電流の大きさに関しては，毎秒 1 [C] の電荷が流れるときの大きさを 1 [A]（アンペア）と決めて電流の単位としている。つまり，アンペア [A] を電荷量の単位クーロン [C] と時間の単位 [s] を使って表現すると，[A] = [C/s] となる。これより電荷が移動する方向に直角な断面を，ある時間 Δt [s] の間に ΔQ [C] の電荷が移動するときの電流量 i [A] の関係式は，

$$i = \frac{\Delta Q}{\Delta t} \quad [\mathrm{A}] \tag{5.1}$$

と書ける。さらに，Δt が極限に小さい状況 $\left(\lim_{\Delta t \to 0} \Delta Q/\Delta t\right)$ を考えた場合は，移動する電荷量 Q の時間 t に関する微分に相当するから，電流 i と電荷 Q との関係を次式で表すことができる。

$$i = \frac{\mathrm{d}Q}{\mathrm{d}t} \quad [\mathrm{A}] \tag{5.2}$$

この関係式では，電流が時間的に変化する場合も考慮していることになる。

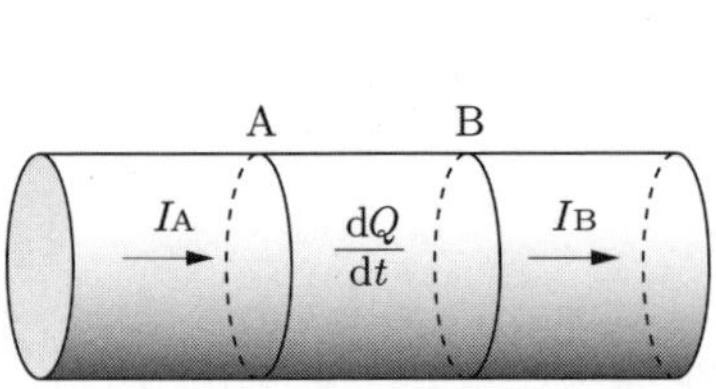

図 5.2　電荷と電流

電流の流れる方向と大きさが時間が経過しても変わらない一定な電流をとくに**定常電流**という。ここで，式 (5.2) と導体を流れる定常電流との関係を考えてみる。**図 5.2** の導体の一部において，断面 A, B を流れる電流をそれぞれ I_A および I_B とすると，A–B 間の電流 I は電荷の保存則より $I = I_\mathrm{A} - I_\mathrm{B}$ と表すことができるので，電荷と電流との関係は

$$\frac{\mathrm{d}Q}{\mathrm{d}t} = I_\mathrm{A} - I_\mathrm{B} \quad [\mathrm{A}] \tag{5.3}$$

で与えられる。このとき，導体を流れる電荷が時間の変化によらず一定で，その方向が変わらないときには $\mathrm{d}Q/\mathrm{d}t = 0$ であるので，上式より $I_\mathrm{A} = I_\mathrm{B}$ となる。これより，定常電流では導体のすべての場所で同じ大きさの電流が流れていることになる。また，定常電流は流れる方向と大きさが時間経過により変化しない。以上より，導体の端から電荷の一定な移動があれば，導体中に静電界があり，かつ定常電流が流れることが可能である。

【例題 5.1】　導線内である断面と直角に 1 [C] の電荷が 20 秒間移動したときの電流 I [A] を求めよ。

解答　$I = \dfrac{\Delta Q}{\Delta t} = \dfrac{1}{20} = 5.0 \times 10^{-2}$ [A]

5-2　オームの法則

前節でみたように，静電誘導の場合とは異なり，導体に電流が流れているときには導体中にも電界が存在し，電位差が発生する。このときの電流を I [A], 電位差を V [V] としたとき，電位差が大きすぎない場合には両者は比例関係であることが実験的に確かめられ，つぎのように表される。

$$V = RI \qquad \left(I = \frac{1}{R}V\right) \quad [\mathrm{V}] \tag{5.4}$$

これを**オームの法則**といい，係数 R を**電気抵抗**，あるいは単に**抵抗**とよぶ。電気抵抗 R の単位は，電位と電流の単位を使って表すと [V/A] であるが，これを Ω（オーム）と表記する。R [Ω] の値が大きいとき，導体間に大きな電位差を与えても小さな電流しか流れないことから，電気抵抗は電流の流れにくさを表す量と解釈できる。

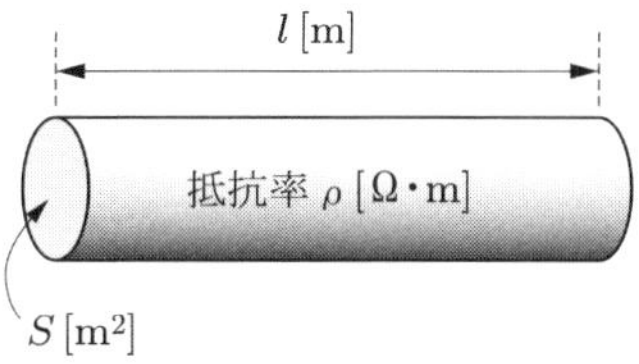

図 5.3 長さ l [m], 断面積 S [m^2], 抵抗率 ρ [$\Omega \cdot$ m] の導体

オームの実験によると，電気抵抗 R の大きさは材料物質の形状や種類に依存する。すなわち，**図 5–2** に示されるような物質の電気抵抗の値はその長さ l [m] に比例，その断面積 S [m^2] に反比例し，この関係はつぎのように表される。

$$R = \rho \frac{l}{S} \quad [\Omega] \tag{5.5}$$

ここで ρ は**抵抗率**（あるいは，**固有抵抗**）とよばれ，単位は [$\Omega \cdot$ m] である。抵抗率 ρ は物質の単位長さ，単位面積当たりの電気抵抗の値

表 5.1　各種金属の抵抗率

物　質	抵抗率 〔Ωm×10^{-8}〕
万国標準軟銅	1.7241
硬　銅	1.7774
銀	1.585
金	2.40
アルミニウム	2.733
ニッケル	7.5
亜　鉛	6.21
ス　ズ	13.9
鉄	9.96
白　金	10.5
タングステン	5.48
アンチモン	41.6
ビスマス	117.9

（各種金属は純度の高いもので、20℃における値）

であるので，その形状に依存せず，材料物質およびその温度などによって決まる定数である。さまざまな金属の抵抗率の値を**表 5.1** に示す。なお，抵抗率の逆数 $\sigma_e(=1/\rho)$ を**導電率**（あるいは，**電気伝導率**）といい，電流の流れやすさを表す量に相当する。単位は [S/m] で表し，S（ジーメンス）は [Ω^{-1}] である。

【例題 5.2】　半径 1 [mm], 長さ 2 [m] の導線の両端に 0.01 [V] の電圧をかけたとき，この導線を流れる電流 I [A] を求めよ。ただし，導線の抵抗率を $\rho = 1.0\times10^{-8}$ [$\Omega\cdot$m] として計算すること。

解答　導線の電気抵抗 R [Ω] がわかれば，オームの法則より流れる電流 I を求めることができる。式 (5.5) より，

$$R = 1.0\times10^{-8}\times\frac{2}{\pi(10^{-3})^2} = 6.37\times10^{-3}\quad[\Omega]\quad \text{である。}$$

よって，導線に流れる電流 I はつぎのように求めることができる。

$$I = \frac{V}{R} = \frac{0.01}{6.37\times10^{-3}} = 1.57\ [\mathrm{A}]$$

式 (5.4) で表されるオームの法則は，電気抵抗 R が導体間の長さと断面積といった形状に依存している表現であるため，導体の局所的な部分に着目することによってそれらの形状に依存しない関係式で表すことを考える。**図 5.4** に示されているような，抵抗率 ρ の微小な導体の A–B 区間（長さ Δl [m], 断面積 ΔS [m^2]）に電流 ΔI [A] が流れているとき，A–B 間の電位差を ΔV [V] とすると，オームの法則より，

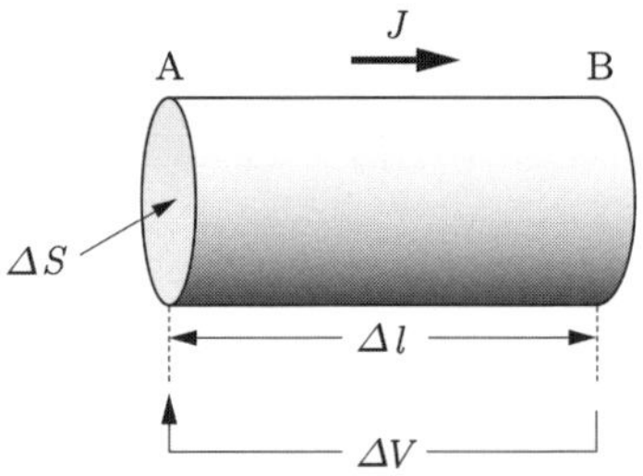

図 5.4　微小区間に流れる電流

$$\begin{aligned}\Delta I &= \frac{\Delta V}{R} \qquad \left(\text{ここで}, R=\rho\frac{\Delta l}{\Delta S}\right)\\ &= \frac{\Delta V}{\Delta l}\times\frac{\Delta S}{\rho}\quad[\mathrm{A}]\end{aligned}$$

いま，単位面積当たりの電流を $J=\dfrac{\Delta I}{\Delta S}$ と表すと（J [A/m^2] は**電流密度**とよばれる），

$$J = \frac{\Delta V}{\Delta l}\times\frac{1}{\rho} = \frac{\Delta V}{\Delta l}\times\sigma_e\quad\left[\frac{\mathrm{A}}{\mathrm{m}^2}\right]$$

と書ける。また，微小な導体の A–B 間に発生している電界の大きさ E は，$E=\Delta V/\Delta l$ と表すことができるので，オームの法則は電流密度 J と電界の大きさ E を使って，

$$J = \sigma_e E\quad[\mathrm{A/m^2}] \tag{5.6}$$

と書くことができる。上式で現れる量はすべて導体の形状に依存していないため，電流の分布が一様でない場合にも適応することができる。また，電流密度と電界は方向と大きさで決まるベクトル量である。したがって，ある位置ベクトル $\boldsymbol{r}$ での電流密度 $\boldsymbol{J}(\boldsymbol{r})$ とその点における電界 $\boldsymbol{E}(\boldsymbol{r})$ の関係を，一般化されたオームの法則としてつぎのベクトル表記で表すことができる。

$$\boldsymbol{J}(\boldsymbol{r}) = \sigma_e(\boldsymbol{r})\boldsymbol{E}(\boldsymbol{r}) \quad [\mathrm{A/m^2}] \tag{5.7}$$

なお，上式は導電率が一様でなくてもまったく同じように導出できるので，導電率も位置に依存した $\sigma_e(\boldsymbol{r})$ と表記している。

5-3　導電率の導出

オームの法則では，導体間に電位差を与えると導体内部に電流が流れ，両者の関係は比例関係にあるという結論を与える。そして，導電率 σ_e（もしくはその逆数である抵抗率 ρ）は物質特有の値であるとしていたが，どのようにしてこれらの値が決まるかを内部を移動する電子の動きを調べることで考える。

導体内部では，自由電子が電位が低い方から高い方にクーロン力を受けて移動する。**図 5.5** で示すように，自由電子（質量 m [kg], 素電荷 $-e$ [C]）が速度 v [m/s] で移動しているとする。電子を移動させている力は導体内に発生している電界 E によるクーロン力，すなわち $-eE$ であるので，質量と加速度の積が質量に加えられた力に等しいとするニュートンの運動方程式を用いると，つぎのように書くことができる。

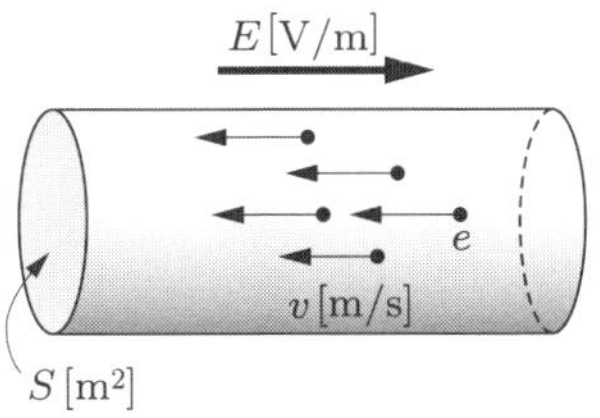

図 5.5　導体中に発生する電界により移動する電子

$$m\frac{\mathrm{d}v}{\mathrm{d}t} = -eE \quad [\mathrm{N}] \tag{5.8}$$

上式の解は両辺を時間 t で積分すると，

$$v = -\frac{eE}{m}t + v_0 \tag{5.9}$$

と求めることができる。ここで，v_0 は初速度（積分定数）である。ところで，導体中の電子密度を n [1/m^3] とすると，単位時間に S [m^2] の断面を通過する電子の数は，nvS と表すことができる。したがって，単位面積当たりの個数は nv となるので，これに電子の電荷量 $-e$ [C] をかけたものが，単位面積当たりの電流（単位時間当たりの電荷の移

動量）である電流密度 J となり，

$$J = -nev \quad [\mathrm{A/m^2}] \tag{5.10}$$

と表される。式 (5.9) で求めた電子の速度を上式に代入すると，電流密度 J は，

$$J = \frac{ne^2E}{m}t - nev_0 \quad \left[\frac{\mathrm{A}}{\mathrm{m^2}}\right]$$

となる。ところが，上式で求めた電流密度 J の物理的な意味を考えてみると，電流は時間経過とともに増え続けることになってしまい，時間が変化しても値が一定な定常電流ではないことがみてとれる。

以上より，導体に定常電流が流れるためには電界による自由電子の加速を妨げる力のような想定が必要であることがわかった。いま，この成分が速度に比例した力 $(= -kv)$ であると仮定する。ここで，k は比例係数であり，この成分 $-kv$ が力になるために単位としては [kg/s] である必要がある。そこで，$k = m/\tau$ とおいて，式 (5.8) の右辺に加えるとつぎの運動方程式を得る。

$$m\frac{\mathrm{d}v}{\mathrm{d}t} = -eE - \frac{m}{\tau}v \quad [\mathrm{N}] \tag{5.11}$$

ここで，τ [s] は電子が速度を減速する確率に関係した時間定数であり，**緩和時間**に相当する（5-6 節を参照）。上式の解の導出は式 (5.8) の解を求めた場合よりも数学テクニックが必要になる（厳密解の解法例については例題 5.5 を参照されたい）。一方で，時間経過により値が変化しない解（定常解）を求めるのは容易である。そこで，ここでは時間が変化しても一定な定常電流に焦点を当てるために，まずは式 (5.11) の定常解 $(= v_d)$ がどのように表せるかみていくことにする。定常解 v_d は時間が経過しても変化しないので，式 (5.11) において $\mathrm{d}v/\mathrm{d}t = 0$ の場合を考えればよい。したがって，v_d はつぎのように求められる。

$$v_d = -\frac{e\tau}{m}E \quad \left[\frac{\mathrm{m}}{\mathrm{s}}\right] \tag{5.12}$$

上式で求めた v_d および式 (5.10) より，電流密度 J は，

$$J = \frac{ne^2\tau}{m}E \quad \left[\frac{\mathrm{A}}{\mathrm{m^2}}\right] \tag{5.13}$$

と表すことができる。したがって，オームの法則 $(J = \sigma_e E)$ との対応関係より，導電率 σ_e はつぎのように表すことができる。

$$\sigma_e = \frac{ne^2\tau}{m} \quad [\mathrm{S}] \tag{5.14}$$

上式において，電子の素電荷 e と質量 m は，おおよそ $e = 1.602 \times 10^{-19}$ [C], $m = 9.109 \times 10^{-31}$ [kg] で表される定数値である。したがって，導電率 σ_e が物質ごとに異なるのは，自由電子密度 n と緩和時間 τ に依存していることがわかる。たとえば，自由電子の数は導体と誘電体とを比較したとき，導体内部の方がはるかに多数の自由電子が存在するため，これが電気の流れやすさに大きく影響していることを示唆している。

【例題 5.3】 導線に電流 I [A] が流れるときに移動する導線内の電子の移動速度 v [m/s] を求めよ。ただし，導線の断面積を S [m^2], 素電荷を $-e$ [C], 単位体積当たりの自由電子数を n とする。

解答　導線の長さを L [m] とすると，導線内の電荷の総量 Δq [C] は

$$\Delta q = -enSL \quad \text{と表せる。}$$

また，電子が一定速度 v [m/s] で移動しているとき，長さ L [m] を通過するための時間 Δt [s] は

$$\Delta t = \frac{L}{v}$$

となる。よって，電流 I は

$$I = \frac{\Delta q}{\Delta t} = \frac{-enSL}{\dfrac{L}{v}} = -enSv \quad [\mathrm{A}]$$

と表せる。したがって，速度 v はつぎのように求めることができる。

$$v = \frac{-I}{enS} \quad \left[\frac{\mathrm{m}}{\mathrm{s}}\right]$$

なお，負の符号は電子が電流と反対方向へ移動することを表す。

【例題 5.4】 半径 1 [mm] の円断面をもつ銅製の導線に 0.1 [A] の定常電流が流れているとき，伝導電子の流れる速度 v [m/s] を求めよ。ただし，電子の数密度 $n = 8.49 \times 10^{28}$ [1/m^3], 素電荷の大きさ $e = 1.6 \times 10^{-19}$ [C] として計算すること。

解答

$$v = \frac{I}{neS} = \frac{0.1}{8.49 \times 10^{28} \times 1.6 \times 10^{-19} \times \pi \times (10^{-3})^2}$$

$$= 2.37 \times 10^{-6} \quad [\mathrm{m/s}]$$

ここで，負符号は移動方向を表すため省略した。また，電界の伝搬速度がほぼ光速であることと比較すると，電子は非常にゆっくり移動していることがわかる。

【例題 5.5】　式 (5.11) の解を導出せよ。ただし，$v(0) = 0$ を初期条件とせよ。

解答　式 (5.11) をつぎのように整理し，

$$m\frac{\mathrm{d}v}{\mathrm{d}t} + \frac{m}{\tau}v = -eE$$

右辺をゼロとしたときを同次微分方程式といい，この一般解 (v_t) を求め，元の方程式の特殊解 (v_d) との重ね合わせで求められる。

まず，同次微分方程式を対象にして，その解を $v_t = ke^{st}$ とおくと，

$$mkse^{st} + \frac{m}{\tau}ke^{st} = 0$$

$$(s + \frac{1}{\tau})mke^{st} = 0$$

これより，上式が成り立つためには，$s + 1/\tau = 0$ より，$s = -1/\tau$ であることがわかる。したがって，$v_t = ke^{-t/\tau}$ が同次微分方程式の一般解となる。

また，式 (5.11) の特殊解として，$\mathrm{d}v_d/\mathrm{d}t = 0$ の場合を考えると，

$$\left(\frac{m}{\tau}v_d = -eE \text{ より}\right) \qquad v_d = -\frac{e\tau}{m}E$$

したがって，式 (5.11) の解 v はこれらを重ね合わせて，

$$v = -\frac{e\tau}{m}E + ke^{-\frac{t}{\tau}} \quad [\mathrm{V}]$$

と書ける。ここで，任意係数 k は初期条件を代入すると，

$$\left(0 = -\frac{e\tau}{m}E + k \text{ より}\right) \quad k = \frac{e\tau}{m}E$$

以上より，$v = -\dfrac{e\tau}{m}E\left(1 - e^{-\frac{t}{\tau}}\right)$ となる（**図 5.6**）。

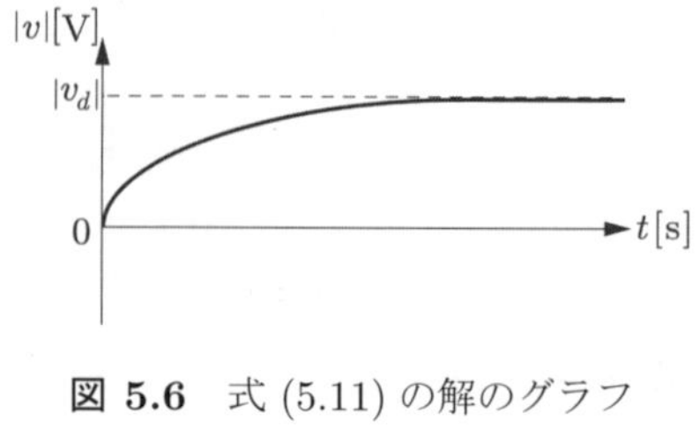

図 5.6　式 (5.11) の解のグラフ

5-4　ジュール熱

導体間に電位差を与えると，導体中の自由電子が電界によって移動することで定常電流が流れる。このとき，電界は電子に力を与えて仕事をし続けていることになると考えられる。ところが，電流値が変化しない定常電流が現れるときには，電界から仕事をしていても運動エネルギーが増加しない。これは，電子の加速を妨げる力，すなわち結晶の原子の熱振動などに移動する電子が衝突することによって失われることで生じると考えられる。このように，電気抵抗 R を示す導体に電流を流すと熱が発生し，これを**ジュール熱**という。

ジュール熱はエネルギー保存則，すなわち導体に外部電界がする仕事が熱となって失われる仕事と等しいと考えることによって，以下のように表すことができる。**図 5.7** で示すように導体間に電位差 $V = (\phi_A - \phi_B)$ [V] を与えたとき，電流 I [A] が流れているとする。このとき，ある時間 Δt [s] の間に Δq [C] の電荷が流れていたとすると，電流 I とこれらの関係は式 (5.1) で示したように $I = \Delta q/\Delta t$ と表すことができる。また，電位の定義から電荷 Δq の電荷が電位差 V がある場所を移動させる際になされる仕事 ΔW [J] は，

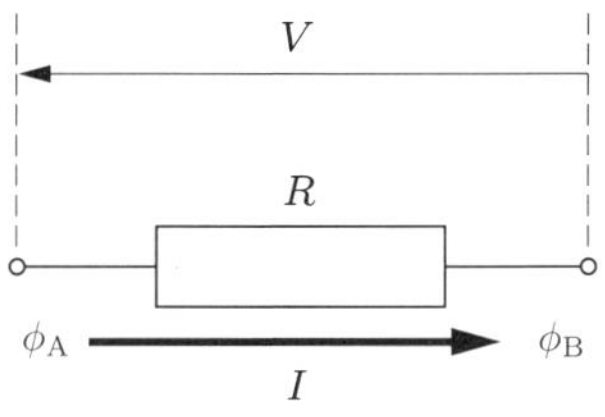

図 5.7　抵抗 R [Ω] の導体に生ずるジュール熱

$$\Delta W = \Delta q V \quad [\mathrm{J}] \tag{5.15}$$

と書くことができる。したがって，単位時間ごとになされる仕事率 W は，$W = \Delta W/\Delta t$ より，

$$W = IV \left(= RI^2 = \frac{V^2}{R}\right) \quad [\mathrm{W}] \tag{5.16}$$

と表すことができる。このようにして定義される W を**瞬時電力**ともいい，単位は [J/s] であるが，これを [W]（ワット）で表す。エネルギー保存則より，この電力が導体に電流が流れた場合にジュール熱として消費されるとみなすことができる。

【例題 5.6】　ニクロム線は電気抵抗が大きく，酸化しにくいため，電熱線として使われる。半径 0.1 [mm] の円状のニクロム線を 100 [V] の電源に接続して，400 [W] の電熱器をつくりたい。ニクロム線の抵抗率を $\rho = 1.0 \times 10^{-6}$ [Ω·m] とすれば，その長さ l [m] をどのようにすればよいか求めよ。

解答　瞬時電力 W [W] は，$W = \dfrac{V^2}{R}$ より，

$$R = \frac{V^2}{W} = \frac{(100)^2}{400} = 25.0\ [\Omega]$$

の抵抗をもつニクロム線にすればよい。

$R = \rho\dfrac{l}{S}$ より

$$l = \frac{RS}{\rho} = \frac{25.0 \times \pi(0.1 \times 10^{-3})^2}{1.0 \times 10^{-6}} = 0.79\ [\mathrm{m}]$$

5-5　電源と起電力

導体間に電流が流れ続けるためには，導体に電流を流したときに発生するジュール熱によるエネルギーの損失を補うために，導体の両端に電位差を与えて電荷を供給し続ける必要がある。このような働きをするものを**電源**という。電源の大きさは，その導体間の電位差で測られる。すなわち，単位電荷を電位の低い位置から高い位置までクーロン力に逆らって移動させるのに必要な仕事量であり，この仕事の量を**起電力**という。したがって，起電力の次元は電位のボルト (V) である。電源には種々のものがあり，力学エネルギー，化学エネルギー，太陽光エネルギー，および熱エネルギーを電気エネルギーに変換する，発電機，電池，太陽光電池，熱電対などがある。

5-6　直流回路とキルヒホッフの法則

電流の通路を**電気回路**，または単に**回路**という。また，回路に定常電流が流れる回路を**直流回路**という。ここでは直流回路を対象とし，回路を解析する際の基本法則であるキルヒホッフの法則を説明する。

図 5.8　導線を流れる電流

導体に定常電流が流れている場合には，どの位置をとっても同じ大きさの電流が流れていることになる。すなわち，**図 5.8** に示すように点Aと点Bの導体に流れる電流の大きさは同じ ($I = I_{\mathrm{A}} = I_{\mathrm{B}}$) である。仮に $I_{\mathrm{A}} > I_{\mathrm{B}}$ であるならば，導体の点Aと点Bとの間で電荷の移動量が変化することに対応し，これは式 (5.3) において，導体内部を移動する電荷 Q [C] の移動量が時間的に変動しないとする条件 $\mathrm{d}Q/\mathrm{d}t = 0$ に矛盾することになる。

また，回路が**図 5.9** に示すようにある点 P で枝分かれしているような場合を考える。このように導線をつなぐ箇所を**節点**といい，節点から枝分かれする導線を**枝**という。このとき，各 4 本の枝から節点 P に流れ込む電流を，I_1, I_2, I_3 および I_4 と表すとすると，節点 P に電荷がとどまることによって電荷の移動量が変動することはないので，これらの総和はゼロになり，

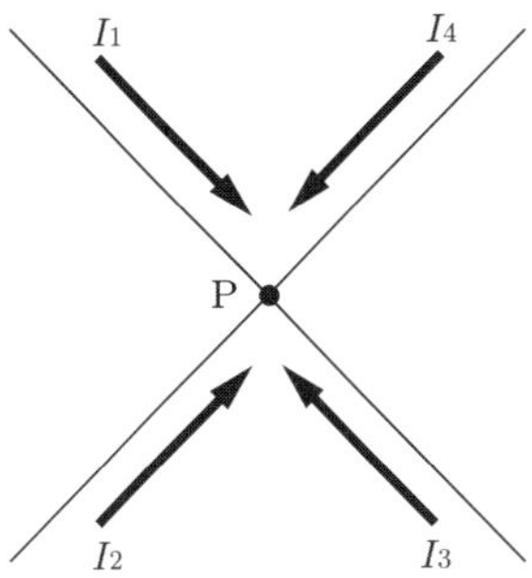

図 5.9　キルヒホッフの第 1 法則

$$I_1 + I_2 + I_3 + I_4 = 0 \quad [\mathrm{A}]$$

と書くことができる。これを一般化して，n 本の枝が節点 P につながっている場合には，

「回路中の任意の節点に流れ込む電流の総和はゼロ」

であるので，

$$\sum_{i=1}^{n} I_i = 0 \quad [\mathrm{A}] \tag{5.17}$$

と表される。これを**キルヒホッフの第 1 法則**（または，**キルヒホッフの電流則**）という。したがって，この法則は電荷の保存則を定常電流に適用して求められたことになる。

つぎに，もう 1 つのキルヒホッフの法則を説明する。これは閉じた回路（閉回路）について静電ポテンシャルの保存則を使って考えることができる。第 2 章でみたように，静電界 $\boldsymbol{E}$ がある場で，単位電荷を任意の地点 A から閉曲線 $\mathrm{C_0}$ に沿って移動させて 1 周し，元の地点 A に戻るために必要な仕事は経路によらずゼロ，

$$\int_{\mathrm{C_0}} \boldsymbol{E} \cdot \mathrm{d}\boldsymbol{s} = 0$$

であった。したがって，

「閉回路の各部の電位差 $\Delta\phi_i$ を閉回路に沿って総和したものがゼロ」

となり，

$$\sum_{i} \Delta\phi_i = 0 \quad [\mathrm{V}] \tag{5.18}$$

と表すことができる。これを**キルヒホッフの第 2 法則**（または，**キルヒホッフの電圧則**）という。

キルヒホッフの法則は，時間的に一定な定常電流が流れる回路に対してのみならず，電流が時間的に変化する場合でもその変化がゆっく

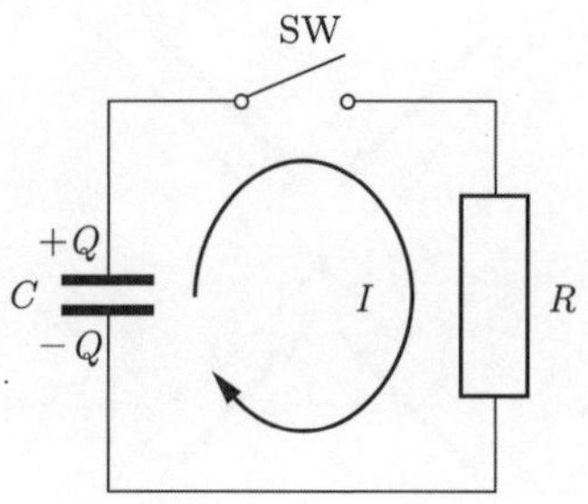

図 5.10　RC 回路

りとした回路では十分な精度で成り立っている。このような例として，**図 5.10** は電気抵抗 R [Ω] とコンデンサ C [F] を直列に接続した回路で，時刻 $t = 0$ [s] のときにスイッチ (SW) が閉じて回路がつながり，コンデンサに充電されていた電荷が放電される状況を考える。

スイッチがオンのとき，閉回路を対象としてキルヒホッフの第 2 法則より，

$$\frac{Q}{C} - RI = 0 \tag{5.19}$$

を得る。ここで，電流 I [A] はコンデンサに充電されている電荷 Q [C] の移動によるものである。すなわち，キルヒホッフの第 1 法則にあたる電荷の保存則より，電流が運んだ分だけ電荷が減少する。これを式で表すと式 (5.2) より，

$$\frac{\mathrm{d}Q}{\mathrm{d}t} = -I \tag{5.20}$$

と書ける。上式を式 (5.19) に代入して整理すると，図 5.10 の回路方程式が電荷 Q に関する微分方程式でつぎのように表すことができる。

$$\frac{\mathrm{d}Q}{\mathrm{d}t} = -\frac{1}{RC}Q \tag{5.21}$$

上式の解 $Q(t)$ を 5–3 節で微分方程式の一般解の導出法（例題 5.5）と同様に $Q(t) = ke^{st}$ とおく。すると，この解を時間 t で微分すると，右辺が $ske^{st} = sQ(t)$ となるので，上式との比較から $s = -1/(RC)$ であることがわかる。すなわち，この回路方程式の解は

$$Q(t) = ke^{-\frac{t}{RC}}$$

と書ける。ここで，k は微分方程式の初期値である $Q(0)$, すなわちスイッチがオンになった瞬間にコンデンサに充電されていた電荷量によって決まる。いま，この初期電荷量を Q_0 [C] とすると，コンデンサの電荷量は

$$Q = Q_0 e^{-\frac{t}{RC}} \quad [\mathrm{C}] \tag{5.22}$$

で表される。また，電流 I は式 (5.20) より，

$$I = I_0 e^{-\frac{t}{RC}} \qquad \left(I_0 = \frac{Q_0}{RC}\right) \quad [\mathrm{A}] \tag{5.23}$$

と求めることができる。ここで，I_0 [A] は初期電流に相当する。

図 5.11 は上で求めた電流 I の時系列グラフである。図からみてとれるように，電流量が徐々に減少し，最終的にほとんど電流が流れなくなる。このときの減衰の早さの目安となるのが，各式中の時間変数 t の除数である RC [s] であり，この値によって電流が流れなくなるまでにかかる時間が変化する。たとえば，$t = RC$ となるとき，I や Q は初期値の e^{-1} 倍，すなわち約 36.8%まで減少する。この $RC(= \tau)$ が RC 回路の**緩和時間**である（または，**時定数**ともいう）。

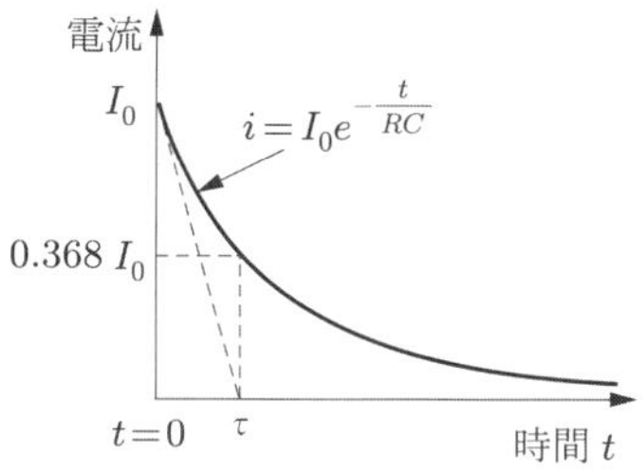

図 5.11　RC 回路における電流 I の時間変化

【例題 5.7】 **図 5.12** の回路において，E [V], R_1 [Ω] は固定で R_2, R_3 [Ω] が変化できるとき，R_2 [Ω], R_3 [Ω] の抵抗で消費される電力を最大にするための条件を求めよ。

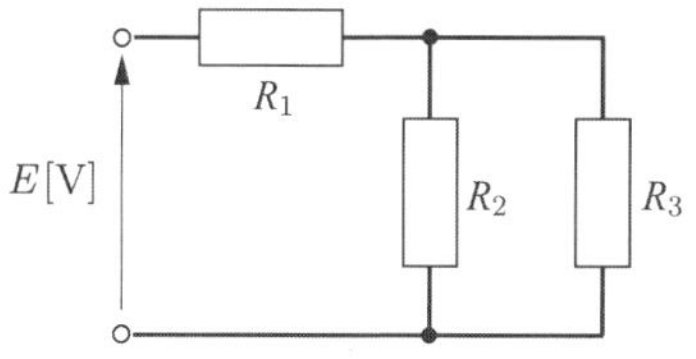

図 5.12

解答　R_2, R_3 の合成抵抗を R [Ω] とすると，この合成抵抗 R で消費される瞬時電力 W は

$$W = \left(\frac{E}{R_1 + R}\right)^2 R = E^2 \frac{R}{(R_1 + R)^2}$$

これより，R を変化させたときに W が最大になる点を求めるため，上式を R で微分すると，

$$\frac{\mathrm{d}W}{\mathrm{d}R} = \frac{E^2(R_1 - R)}{(R_1 + R)^3}$$

となる。したがって，この微分がゼロになる点が電力の極大値に対応するので，電力が最大になるための条件は，

$$R_1 = R = \frac{R_2 R_3}{R_2 + R_3} \ [\Omega]$$

となればよい。

演習問題5

5.1 断面積 $S = 1$ [mm^2], 長さ $l = 1$ [m] の導線の抵抗が $R = 5$ [Ω] であるとき，この導線の抵抗率 ρ [Ω·m] を求めよ。

5.2 半径 1 [mm] の円断面をもつ導線に 0.2 [A] の定常電流が流れているとき，導線の半径 $r = 0.1$ [mm] の内側で流れる電流 I を求めよ。

5.3 断面積 $S = 0.1$ [mm^2], 長さ $l = 30$ [m], 抵抗率 $\rho = 2.0 \times 10^{-8}$ [Ω·m] の導線の抵抗 R [Ω], この導線の両端に 100 [V] の電位を加えたときの電流 I [A], および瞬時電力 W [W] を求めよ。

5.4 導線の中を 1 [A] の電流が流れるためには，1 秒間に何個の自由電子が導線の断面を移動すればよいか求めよ。ただし，電子の素電荷の大きさを $e = 1.60 \times 10^{-19}$ [C] として計算すること。

5.5 円状で直径 1.6 [mm] の導線に 4 [A] の定常電流が流れているとき，

(a) 電流密度 J [A/m^2] を求めよ。

(b) この電流が 1 時間流れ続けたときに運ばれる電子の個数はいくつか求めよ。ただし，電子の素電荷の大きさを $e = 1.60 \times 10^{-19}$ [C] として計算すること。

5.6 **図 5.13** のように，半径 a [m], $b\ (> a)$ [m] の同心球殻 A, B の電極の間に抵抗率 ρ [Ω·m] の一様な電解質溶液で満たしたとき，電極間の電気抵抗 R [Ω] を求めよ。

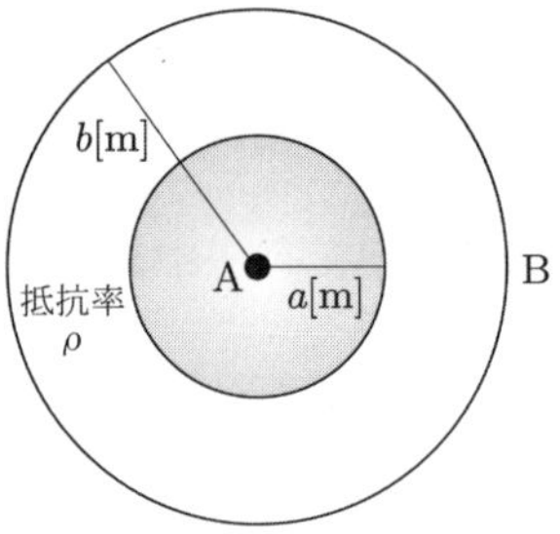

図 5.13

第６章　電流と磁界

静止した電荷によって電界が生じることを第２章で学んだが，本章では運動する電荷，すなわち電流によって磁界が生じること，また磁石のような磁荷によっても磁界が生じることを学ぶ。そしてその関係についても考える。さらに，磁界中の電流に働く電磁力について説明する。

（提供：JR北海道）

6-1　磁気力

古代ギリシャ時代には，摩擦による静電気が発見されていたように磁石が鉄片を引きつけることは知られており，磁石（マグネット）の語源は磁鉄鉱産地の当時の呼び名であるマグネシアに由来する。

磁石の両端を**磁極**とよび，磁石の針（**磁針**）を水平に支えるとN極は北をさし，S極は南をさす。また，それぞれの磁極には電荷に対応した**磁荷**が存在するとしていて，N極に正の磁荷 $+q_m$，S極に負の磁荷 $-q_m$ がある。しかし磁荷と電荷との大きな違いは，磁石の端を切り取ってもN極側やS極側だけを切り離すことはできない。磁石をどの場所で2分割しても，必ずそれぞれにN極とS極が現れる（**図6.1**）。つまり，正の電荷だけや負の電荷だけを取り出せる電荷のように，磁石から単独の正または負の磁荷を切り離すことはできない。このことは，単独の磁荷は存在しないことを示している。

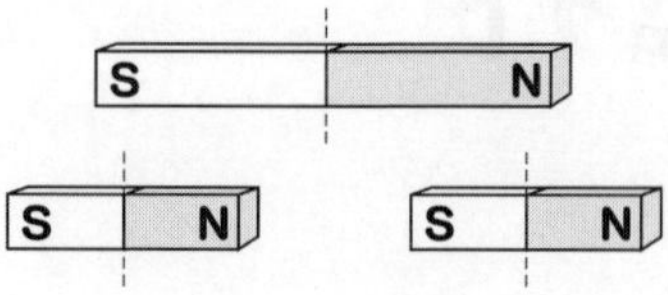

図 6.1　磁石の切断

磁石は切断してもN極（正磁荷）やS極（負磁荷）だけを単独で取り出せない。

磁荷の単位は，[Wb]（ウェーバー）である。

2つの棒磁石を近づけた場合，一方の磁石のN極と他方の磁石のN極またはS極とS極は反発するが，N極とS極は引きつけ合う（**図6.2**）。このような力を磁気力というが，この性質は同符号の電荷は反発し合い，異符号の電荷は引きつけ合う電荷間のクーロン力と同じである。

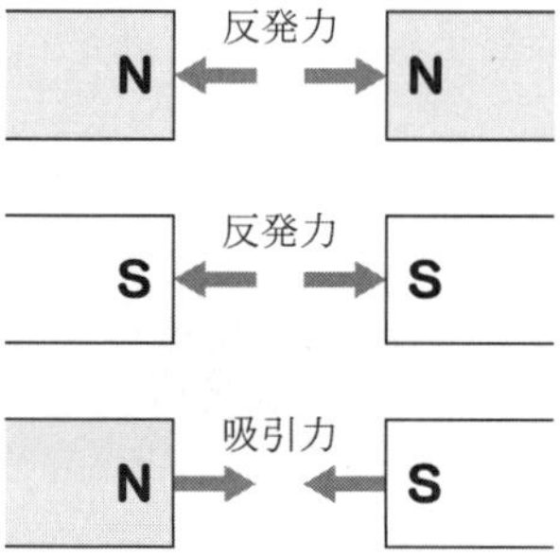

図 6.2　磁気力の向き

このように，電気現象と磁気現象では類似点が多いことが古くから知られていたが，両者の関係については電界に対応する磁気現象の磁界が電流によって作り出されることを1820年にエルステッドによって発見された。

H. エルステッド（1777-1851）
エルステッドは，導線に電流を流すことによって近くにあった方位磁石（磁針）の指針が変化することを偶然発見した。

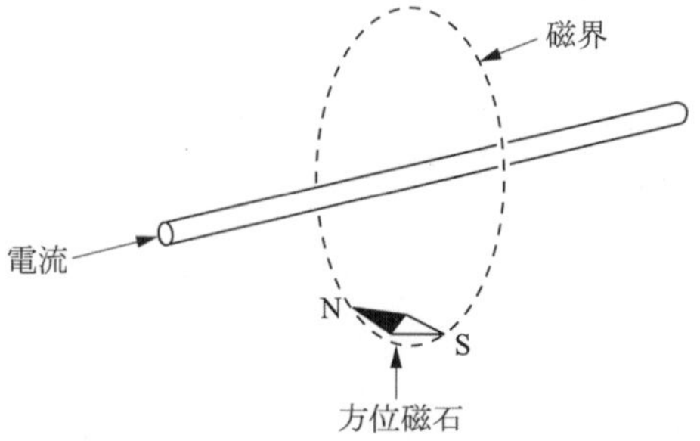

図 6.3　電流と磁界

また，エルステッドの発見をもとにその年にアンペールは，電流が平行に流れる2つの導体間に引力が，また反平行に流れる場合は斥力が，磁気的な現象によって発生することを発見した。それぞれの導線

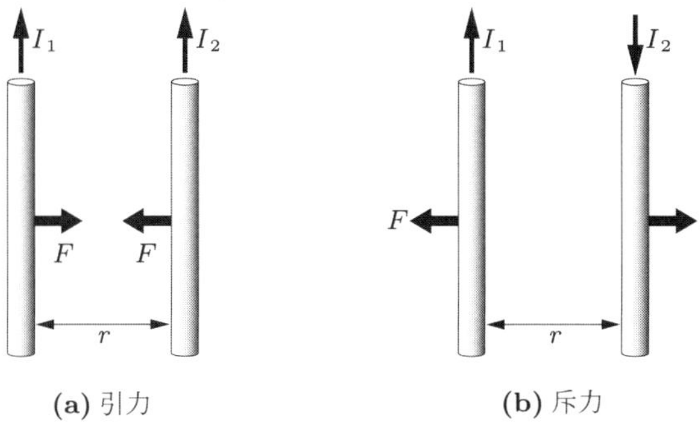

図 6.4 平行した導線に流れる電流による力

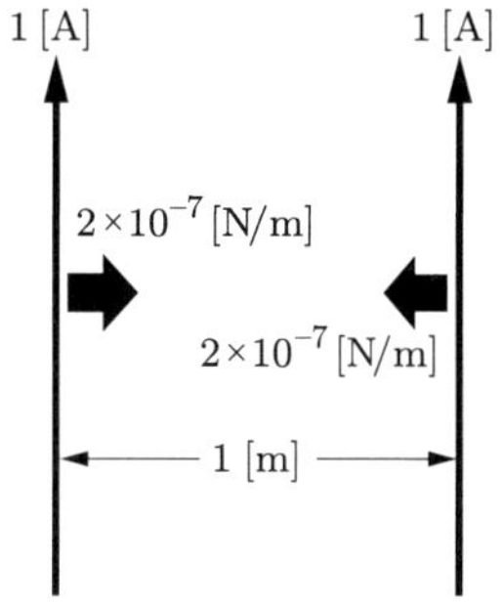

図 6.5 電流 1 [A] の定義

に流れる電流を I_1, I_2 とし，導線の間隔を r とすると，導線に働く力 F は単位長さ当たり

$$F = \frac{\mu_0}{2\pi}\frac{I_1 I_2}{r} \quad [\mathrm{N/m}] \tag{6.1}$$

と表すことができる。ここで，μ_0 は**真空の透磁率**とよばれ，

$$\mu_0 = 4\pi \times 10^{-7} \quad [\mathrm{N/A^2}] \tag{6.2}$$

である。

この力を用いて SI 単位系では，電流 1 [A] が定義されていて，**「真空中に 1 [m] の間隔で平行に置かれた，断面積が無視できる無限に長い 2 本の直線状導線のそれぞれを流れ，これらの導体の長さ 1 [m] ごとに 2×10^{-7} [N] の力を及ぼし合う一定の電流が 1 [A] である（図 6.5）」**。

電荷によってその周囲にできる電気的状況を電界としたように，磁石や電流によってその周囲に磁界が発生する。クーロン力から電界を導いたように，式 (6.1) から

$$F = I_1 B \quad [\mathrm{N/m}] \tag{6.3}$$

$$B = \frac{\mu_0}{2\pi}\frac{I_2}{r} \quad [\mathrm{N/(A \cdot m)}] \tag{6.4}$$

と記述することができる。ここで B を**磁束密度**といい，式 (6.4) は直線の導線に電流 I_2 が流れたときの導線から r 離れた磁束密度の大きさを表している。

磁束密度の単位は，$[\mathrm{N/(A \cdot m)}] = [\mathrm{T}]$（テスラ）である。1 [T] は大きな値を示すことから，実用上その 10^{-4} である [G]（ガウス）がよく用いられている。

磁束密度は，下記クーロン力から求めた電界に類似している。
クーロン力 F は

$$F = \frac{q_A q_B}{4\pi\varepsilon_0 r^2}$$

である。電界 E を用いて F を表すと

$$F = q_A E$$

となり，点電荷の電界は

$$E = \frac{q_B}{4\pi\varepsilon_0 r^2}$$

と記述できる。

地球の磁場（地磁気）の大きさは，極地での垂直成分は 0.6 [G] であり，赤道付近では 0.3 [G] 程度である。

磁界の強さ H と磁束密度 B との関係は静電界の電界 E と電束密度 D との関係

$$D = \varepsilon E$$

に対応している。

式 (6.4) と式 (6.5) から

$$H = \frac{I}{2\pi r}$$

となり，H の単位は [A/m] でもある。

また，後で再度定義するが磁界を表す物理量として**磁界の強さ** H も用いられる。磁界の強さ H と磁束密度 B との関係は

$$B = \mu_0 H \quad [\mathrm{T}] \tag{6.5}$$

と表すことができる。磁界の強さ H の単位は，[N/Wb] である。実用的な単位として [A/m] が用いられる。

【例題 6.1】　無限に長い導線に 5 [A] の電流が流れているとき，この導線から垂直に 20 [cm] 離れたところの磁束密度を求めなさい。

解答

$$B = \frac{\mu_0 I}{2\pi r} = \frac{4\pi \times 10^{-7} \times 5}{2\pi \times 0.2} = 5.0 \times 10^{-6} \quad [\mathrm{T}]$$

磁束密度の方向

電流が流れることによって**図 6.6** に示すように磁束密度 $\boldsymbol{B}$ が発生するが，その方向は電流が上方向に流れる場合は電流に対する垂直面において，図に示すように上（電流が流れて行く先）から見て左回りに磁束密度が生じる。

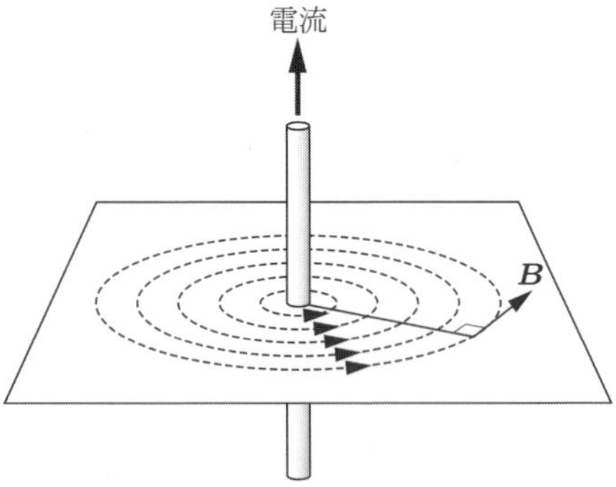

図 6.6　電流による磁束密度の方向

図 6.7 に示すように，右ネジの進む方向を電流の流れる方向に合わせると，右ネジの回転する方向が磁界の方向に対応している。このことを**右ネジの法則**という。

電界によって作成される電気力線に対応した磁束密度によってつくられる線を**磁束線**という。**図 6.9** からも明らかなように磁束線は閉曲線である。このことから任意の閉曲面 S_0 において**磁界におけるガウスの法則**は以下のように記述できる。

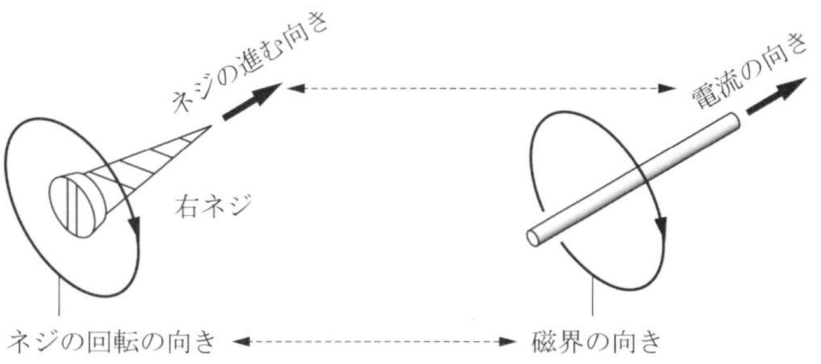

図 6.7 右ネジの法則

$$\int_{S_0} B_n \mathrm{d}S = 0 \tag{6.6}$$

この法則は磁束線が閉じているため閉曲面から出て行く磁束と入ってくる磁束とが同じで，その合計はゼロになることを示している。

ここで，S_0 を貫く磁束 $\varPhi_B$ は一般に電束と同様

$$\varPhi_B = \int_{S_0} B_n \mathrm{d}S = \int_{S_0} B\cos\theta \mathrm{d}S \tag{6.7}$$

と定義できる。ここで，B_n は面 $\mathrm{d}S$ の法線成分であり面 $\mathrm{d}S$ の法線ベクトルを $\boldsymbol{n}$ とすると，$B_n = \boldsymbol{B}\cdot\boldsymbol{n} = B\cos\theta$ となる。θ は $\boldsymbol{B}$ と $\boldsymbol{n}$ とがなす角である。

6-2 アンペールの法則

直線導体に流れる電流が I の場合，そこから r 離れた位置での磁束密度の大きさは，式 (6.4) から

$$B = \frac{\mu_0 I}{2\pi r} \quad [\mathrm{T}]$$

と与えられる。これは，直線電流を中心軸として半径 r に同じ大きさの磁束密度 B が存在していることを意味しており，その円周の距離 $2\pi r$ と磁束密度 B との積は，真空の透磁率と電流との積 $\mu_0 I$ と次式のように等しいことを示している。

$$2\pi r B = \mu_0 I$$

図 6.10 に示すように，円周を経路 C とした場合，磁束密度 $\boldsymbol{B}$ は経路 C の接線方向であり，また経路に沿った微小距離ベクトルを $\mathrm{d}\boldsymbol{s}$ とすると，$\boldsymbol{B}$ と $\mathrm{d}\boldsymbol{s}$ は平行であるため $\boldsymbol{B}\cdot\mathrm{d}\boldsymbol{s} = B\mathrm{d}s$ となる。したがって

$$\int_C \boldsymbol{B}\cdot\mathrm{d}\boldsymbol{s} = \mu_0 I \tag{6.8}$$

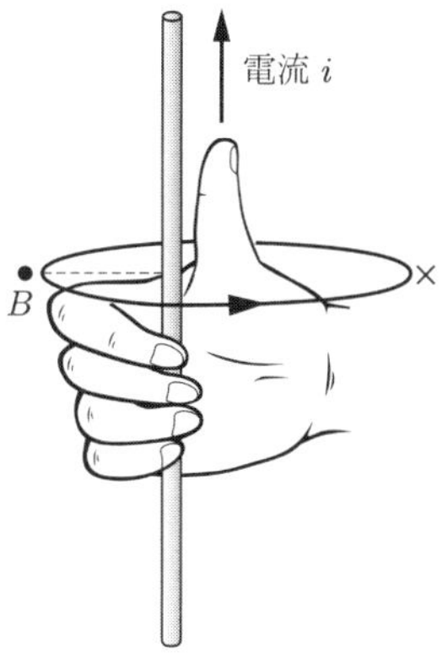

図 6.8 右手のルール

親指の方向を電流の方向に合わせると，人差し指などの他の指の方向が磁束密度の方向となる。このことを右手のルールとよぶ。

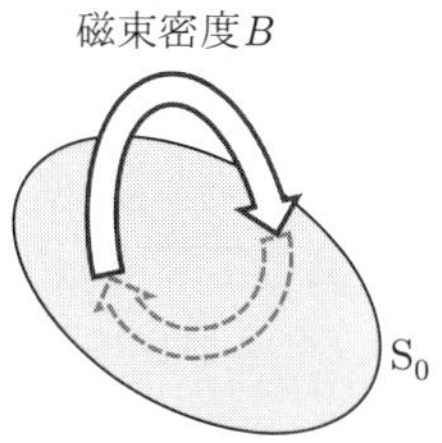

図 6.9 閉曲面から出る磁束と入ってくる磁束

電束 $\varPhi$ の定義は

$$\varPhi = \int_{S_0} D_n \mathrm{d}S$$

である。(2-4 節参照)

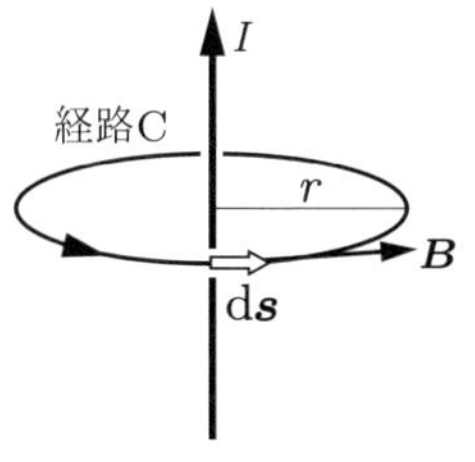

図 6.10 直線電流と磁束密度との関係

が成り立つ。この式を**アンペールの法則**という。ここでは経路 C を円としたが，線積分の経路が任意の形でも成り立つ。

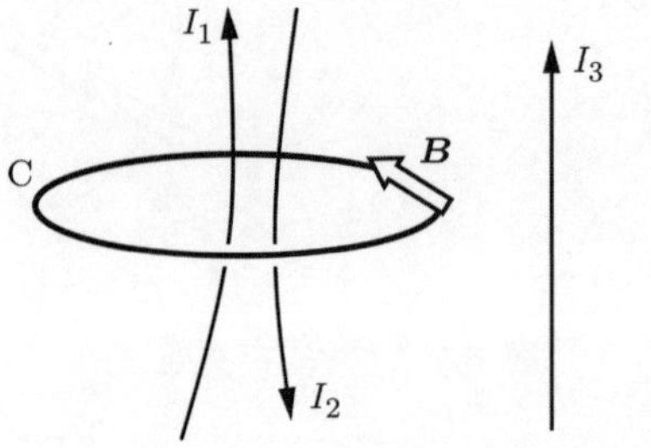

図 6.11　アンペールの法則

アンペールの法則では，経路 C に沿って磁束密度 $\boldsymbol{B}$ の経路方向成分を線積分すると，その経路内を通る電流の和に μ_0 を掛けた値に等しくなる。右ネジの法則より，磁束密度 $\boldsymbol{B}$ の方向から電流が流れる方向がプラスになり，逆方向はマイナスに，また経路外の電流は対象外となる（**図 6.11**，**6.12**）。

$$\int_{\mathrm{C}} \boldsymbol{B} \cdot \mathrm{d}\boldsymbol{s} = \mu_0(I_1 - I_2) \tag{6.9}$$

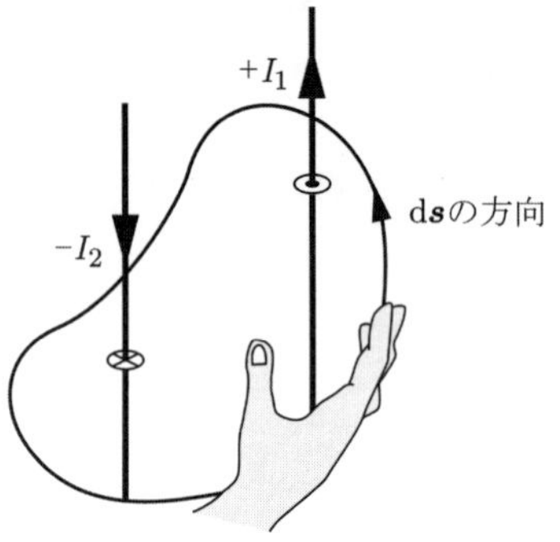

図 6.12　アンペールの法則における $\mathrm{d}\boldsymbol{s}$ に対する電流の符号

【例題 6.2】　半径 R の無限長の円柱導体に，密度が一様である電流 I が流れている。このとき，円柱の中心軸からの距離 r の地点における磁束密度を求めなさい。

解答　この問題では，中心軸から一定の距離離れた位置での磁束密度の大きさが一定であり，方向は軸の半径方向に垂直であることから，中心軸に対して対称性が成り立つ。

そのため，アンペールの法則における積分経路として中心軸に垂直となる半径 r の円の円周を考える。電流が上方向に流れている場合，磁束密度 $\boldsymbol{B}$ は円の接線方向であり右ネジの法則により，上から見て反時計回りの方向に発生する（**図 6.13**）。

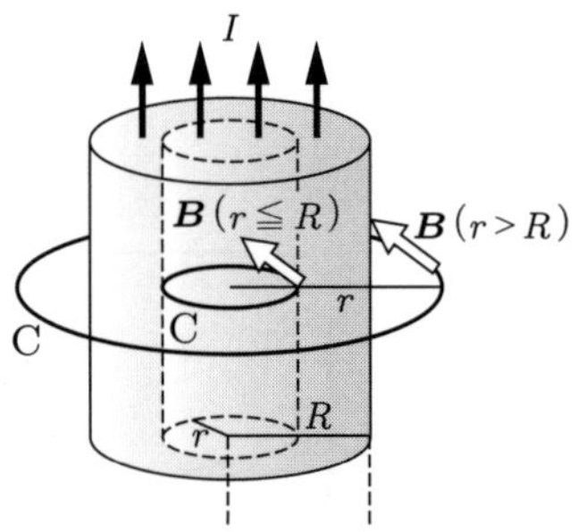

図 6.13　無限長の円柱導体

① r が円の半径 R より大きい場合 $(r > R)$

アンペールの法則により

$$\int_{\mathrm{C}} \boldsymbol{B} \cdot \mathrm{d}\boldsymbol{s} = B \int_{\mathrm{C}} \mathrm{d}s$$
$$= 2\pi r B = \mu_0 I$$
$$\therefore\ B = \frac{\mu_0 I}{2\pi r} \quad [\mathrm{T}] \quad (r > R)$$

この領域では磁束密度は距離 r に反比例している（**図 6.14**）。

② r が円の半径 R より小さい場合 ($r \leqq R$)

$$\int_{\mathrm{C}} \boldsymbol{B} \cdot \mathrm{d}\boldsymbol{s} = B \int_{\mathrm{C}} \mathrm{d}s = 2\pi r B$$

これまでは同じである。しかし経路 C 内を流れる電流 I' を計算する必要があり，この電流は全電流 I に対して断面積の比として求まる。

$$I' = \frac{\pi r^2}{\pi R^2} I$$

したがって，磁束密度 B は

$$B = \frac{\mu_0}{2\pi r} \frac{\pi r^2}{\pi R^2} I = \frac{\mu_0 r I}{2\pi R^2} \quad [\mathrm{T}] \quad (r \leqq R)$$

となり，この領域では磁束密度は距離 r に比例する（図 6.14）。

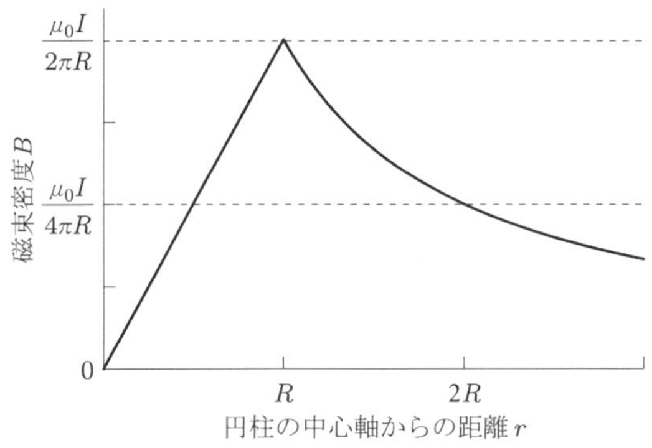

図 6.14　円柱の中心軸からの距離と磁束密度との関係

6–3　ビオ・サバールの法則

アンペールの法則を用いて容易に磁束密度を求めることができたが，無限長の直線電流や無限長の円柱電流など適用できる範囲は限られる。一般的に電流から磁束密度を求めるには，これから学ぶビオ・サバールの法則を用いる。

図 6.15 に示すように電流 I が流れているとき，その微小部分の電流 $I\Delta s$ が r 離れた地点 P につくる磁束密度 ΔB は

$$\Delta B = \frac{\mu_0}{4\pi} \frac{I \Delta s \sin\theta}{r^2} \tag{6.10}$$

と表すことができる。ここで θ は $\Delta \boldsymbol{s}$ と $\boldsymbol{r}$ がなす角である。また，$|\Delta \boldsymbol{B}| = \Delta B$, $|\Delta \boldsymbol{s}| = \Delta s$, $|\boldsymbol{r}| = r$ とした。磁束密度 ΔB の方向は，$\Delta \boldsymbol{s}$

$|\Delta \boldsymbol{s} \times \boldsymbol{r}| = \Delta s\, r \sin\theta$

であるので，式 (6.11) に上式を代入してスカラー量とすると，式 (6.10) となる。

式 (6.11) において $\dfrac{\boldsymbol{r}}{r} = \boldsymbol{n}$ は $\boldsymbol{r}$ 方向の単位ベクトルである。

と $\boldsymbol{r}$ のそれぞれの方向に垂直な方向である。式 (6.10) を**ビオ・サバールの法則**という。

磁束密度の方向も含めた表示としてビオ・サバールの法則をベクトル表示すると

$$\Delta \boldsymbol{B} = \frac{\mu_0}{4\pi}\frac{I\Delta \boldsymbol{s} \times \boldsymbol{r}}{r^3} \tag{6.11}$$

と表すことができる。また外積の定義から $\Delta \boldsymbol{s}$ を $\boldsymbol{r}$ に重ね合わせる方向に右ネジを回すとネジが進む方向が $\Delta \boldsymbol{B}$ の方向である（図 6.15 参照）。

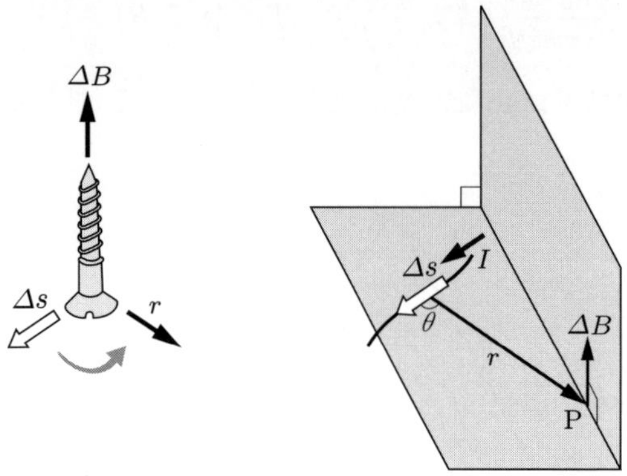

図 6.15　ビオ・サバールの法則

【例題 6.3】　円電流による磁束密度を求めることは**図 6.16** からもわかるように容易ではない。しかし，円の中心軸上の磁束密度は求めることができる。

半径 a の円電流がある場合，円の中心を O とすると，O から中心軸上に z 離れた地点 P の磁束密度を求めなさい。

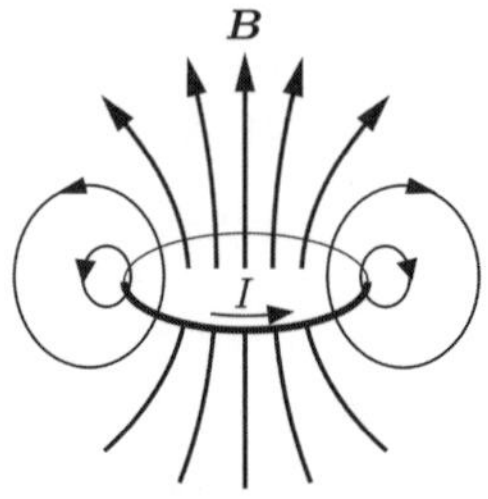

図 6.16　円電流による磁束密度

解答　円周上の点 Q における微小電流を $I\mathrm{d}\boldsymbol{s}$，$\overrightarrow{\mathrm{QP}}$ を $\boldsymbol{r}$ とすると，点 P における磁束密度 $\mathrm{d}\boldsymbol{B}$ は $\mathrm{d}\boldsymbol{s}$ と $\boldsymbol{r}$ のいずれにも垂直であり，QOP 面内にある（**図 6.17**）。

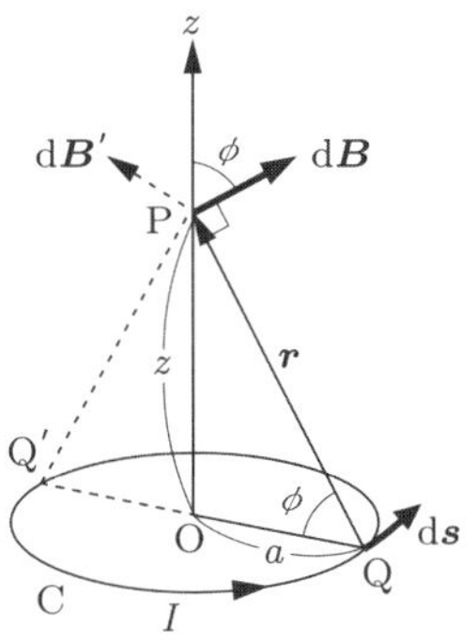

図 6.17　円電流の中心軸上の磁束密度

ビオ・サバールの法則から

$$\mathrm{d}B = \frac{\mu_0}{4\pi}\frac{I\mathrm{d}s}{r^2}$$

また，$\mathrm{d}\boldsymbol{B}$ の z 軸に対する垂直成分 $\mathrm{d}B_\perp$ と水平成分 $\mathrm{d}B_{//}$ に分離すると，$\mathrm{d}B_\perp$ は円周上 Q の反対位置 Q′ の微小電流がつくる $\mathrm{d}\boldsymbol{B}'$ の垂直成分 $\mathrm{d}B'_\perp$ と打ち消し合い，円周上の電流の積分により水平成分 $\mathrm{d}B_{//}$ のみ考えればよい。したがって，磁束密度 B は

$$B = \int_\mathrm{C} \mathrm{d}B = \int_\mathrm{C} \mathrm{d}B_{//} = \frac{\mu_0}{4\pi}\frac{I}{r^2}\cos\phi \int_\mathrm{C} \mathrm{d}s = \frac{\mu_0}{4\pi}\frac{Ia}{r^3}\cdot 2\pi a = \frac{\mu_0 I a^2}{2r^3}$$

$r = (a^2+z^2)^{\frac{1}{2}}$ を r に代入すると

$$B = \frac{\mu_0 I a^2}{2(a^2+z^2)^{\frac{3}{2}}} \quad [\mathrm{T}]$$

となる。また，円電流の中心点 O における磁束密度 $B_{z=0}$ は

$$B = \frac{\mu_0 I}{2a} \quad [\mathrm{T}]$$

である。

$$\mathrm{d}\boldsymbol{s}\times\boldsymbol{r} = \mathrm{d}s\, r\sin\theta = \mathrm{d}s\, r$$

$$\because \quad \theta = \pi/2, \quad \sin(\pi/2) = 1$$

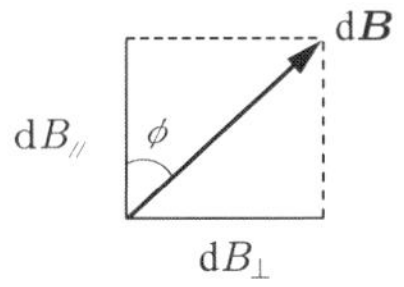

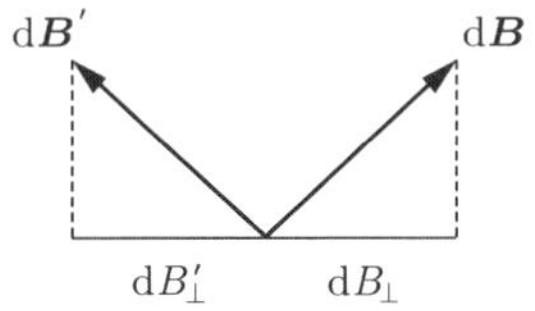

$$\cos\phi = a/r, \quad \int_\mathrm{C} \mathrm{d}s = 2\pi a$$

【例題 6.4】　無限長の直線電流 I から R 離れた点 P に起こる磁束密度 B はアンペールの法則を用いて容易に解けるが，ここではビオ・サバールの法則を用いて求めてみなさい。

解答　微小電流 $I\mathrm{d}s$ による点 P の磁束密度 $\mathrm{d}B$ を考えると

$$\mathrm{d}B = \frac{\mu_0}{4\pi}\frac{I\mathrm{d}s\sin\theta}{r^2}$$

となり，方向は紙面から奥の方向である。磁束密度 B を求めるには上式を $-\infty$ から ∞ まで積分すればよい。

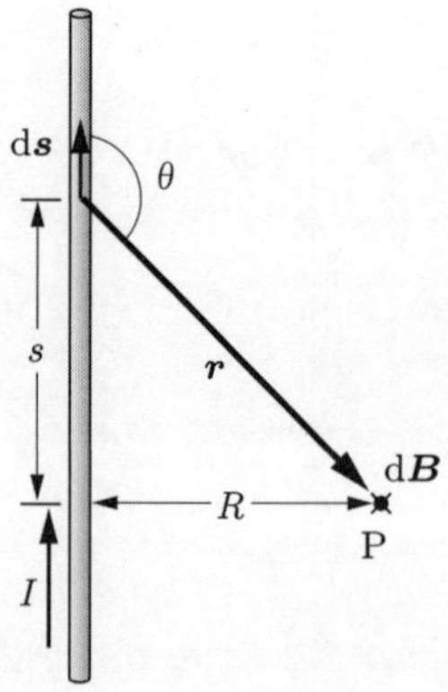

図 6.18　無限長の直線電流による磁束密度

$$B = \int_{-\infty}^{\infty} \mathrm{d}B = 2\int_0^{\infty} \mathrm{d}B = \frac{\mu_0 I}{2\pi}\int_0^{\infty} \frac{\sin\theta \mathrm{d}s}{r^2}$$

ここで,

$$\begin{cases} r = \sqrt{s^2 + R^2} \\ \sin\theta = \sin(\pi - \theta) = \dfrac{R}{\sqrt{s^2 + R^2}} \end{cases}$$

この関係を用いて積分すると

$$B = \frac{\mu_0 I}{2\pi}\int_0^{\infty} \frac{R\mathrm{d}s}{(s^2 + R^2)^{\frac{3}{2}}} = \frac{\mu_0 I}{2\pi R}\left[\frac{s}{(s^2 + R^2)^{\frac{1}{2}}}\right]_0^{\infty} = \frac{\mu_0 I}{2\pi R} \quad [\mathrm{T}]$$

以上のように求めることができるが，アンペールの法則を用いる場合と比べると複雑である。

導線をらせん状に巻いたものをコイルといい，とくに**図 6.19** に示すように円筒上に一様に密に巻いたコイルを**ソレノイド**という。いま，半径を a, 単位長さ当たりのコイルの巻き数を n とした無限長ソレノイドに電流 I が流れている場合，ソレノイドの中心軸上の磁束密度の大きさを求める。

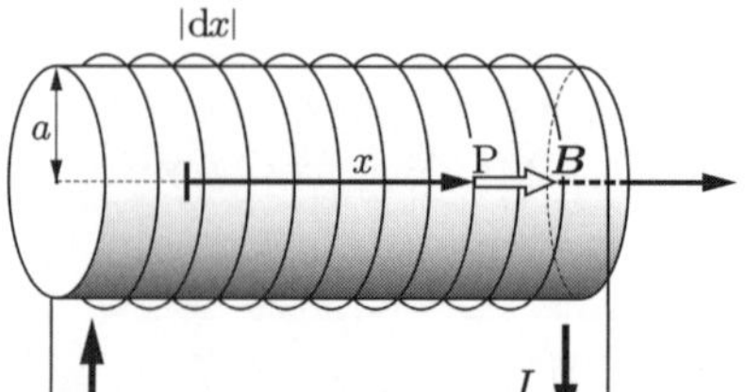

図 6.19　無限長ソレノイド

最初に，dx 内のソレノイドによる点 P における磁束密度 dB を求める。これは例題 6.3 の解答を用いて，dx 内のコイルの巻き数は ndx で

あるため dx 内に流れる電流は $n\mathrm{d}xI$ となるので

$$\mathrm{d}B = \frac{\mu_0 n \mathrm{d}x I a^2}{2(x^2+a^2)^{\frac{3}{2}}}$$

である。ソレノイドの長さは無限長であるので，積分範囲を $-\infty$ から $+\infty$ までとして，この dB を積分すると

$$B = \int_{-\infty}^{\infty} \mathrm{d}B = \frac{\mu_0 n I a^2}{2}\int_{-\infty}^{\infty}\frac{\mathrm{d}x}{(x^2+a^2)^{\frac{3}{2}}} = \mu_0 n I \ [\mathrm{T}] \qquad (6.12)$$

となる。したがって，ソレノイドの中心軸上の磁束密度の大きさは $\mu_0 nI$ [T] である。

$\int_{-\infty}^{\infty}\frac{\mathrm{d}x}{(x^2+a^2)^{3/2}}$ の積分では，$x = a\cot\theta$ とおくと積分範囲を $-\infty$ から $+\infty$ までは 0 から π までとなり，

$$\begin{cases} \mathrm{d}x = -\dfrac{a}{\sin^2\theta}\mathrm{d}\theta \\ \sqrt{x^2+a^2} = \dfrac{a}{\sin\theta} \end{cases}$$

を代入すると

$$\int_{-\infty}^{\infty}\frac{\mathrm{d}x}{(x^2+a^2)^{3/2}} = -\frac{1}{a^2}\int_{\pi}^{0}\sin\theta\mathrm{d}\theta = \frac{2}{a^2}$$

となる。

ソレノイドの中心軸以外の磁束密度の大きさを求めるために，**図 6.20** に示すソレノイドの中心軸を含む断面図内の閉曲線にアンペールの法則を適用する。

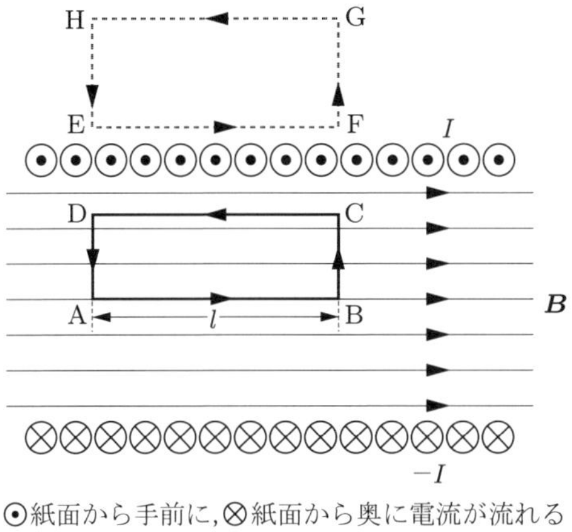

図 6.20 ソレノイドの断面における磁束密度

ソレノイドは無限に長いことから，ソレノイド内の磁束密度は中心軸に平行で右向きである。いま，ソレノイド内の閉曲線 ABCD について $\int_{\mathrm{C}} \boldsymbol{B}\cdot\mathrm{d}\boldsymbol{s}$ を考えると，BC，DA の線上方向には磁束密度は存在しないため

$$\int_{\mathrm{B}}^{\mathrm{C}} \boldsymbol{B}\cdot\mathrm{d}\boldsymbol{s} = \int_{\mathrm{D}}^{\mathrm{A}} \boldsymbol{B}\cdot\mathrm{d}\boldsymbol{s} = 0$$

であり，一方 AB，DC 上の積分では，磁束密度の方向は同じだが積分経路が逆向きとなるため，$\int_{\mathrm{C}} \boldsymbol{B}\cdot\mathrm{d}\boldsymbol{s}$ の積分は以下のようになる。

$$\int_{\mathrm{C}} \boldsymbol{B}\cdot\mathrm{d}\boldsymbol{s} = \int_{\mathrm{A}}^{\mathrm{B}} \boldsymbol{B}\cdot\mathrm{d}\boldsymbol{s} + \int_{\mathrm{C}}^{\mathrm{D}} \boldsymbol{B}\cdot\mathrm{d}\boldsymbol{s} = B_{\mathrm{AB}}l - B_{\mathrm{DC}}l$$

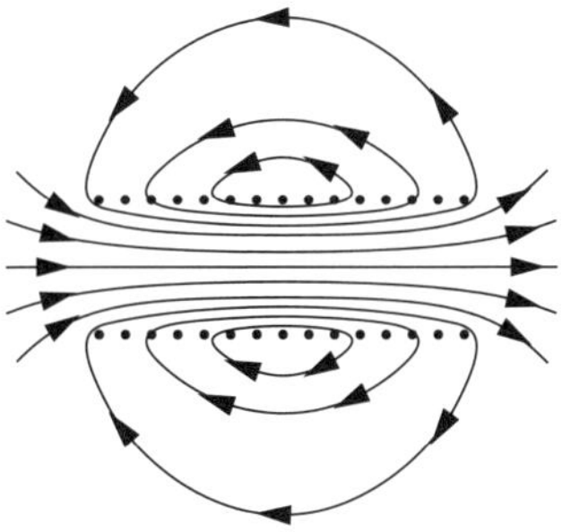

図 6.21 有限の長さをもつソレノイドの磁束線

ここで，$B_{\rm AB}$，$B_{\rm DC}$ はそれぞれ AB，DC 線上の磁束密度である。アンペールの法則より，閉曲線 ABCD を貫いている電流はないため

$$B_{\rm AB}l - B_{\rm DC}l = 0$$
$$\therefore\quad B_{\rm AB} = B_{\rm DC}$$

となる。この関係はソレノイド内であれば閉曲線の位置に関係なく成り立つため，ソレノイド内の磁束密度はいずれの位置においても

$$B = \mu_0 nI \quad [\mathrm{T}] \tag{6.13}$$

となる。

ソレノイドの外部においても，閉曲線 EFGH においてソレノイド内部と同様であり

$$B_{\rm EF} = B_{\rm HG}$$

となる。これはソレノイド外部のいかなる長方形閉曲線についても成り立つため，HG を無限遠まで遠ざけた場合 $B_{\rm HG} = 0$ であるため，ソレノイド外部では

$$B = 0 \quad [\mathrm{T}] \tag{6.14}$$

となる。ソレノイド内外の磁束密度をまとめて以下に示す。

$$\begin{cases} B = \mu_0 nI & [\mathrm{T}]\ \text{（ソレノイドの内部）} \\ B = 0 & [\mathrm{T}]\ \text{（ソレノイドの外部）} \end{cases} \tag{6.15}$$

図 6.20 において閉曲線 ABFE を考えると，アンペールの法則から閉曲線 ABFE を貫く電流は nlI であるので

$$\int_{\rm C} \boldsymbol{B}\cdot \mathrm{d}\boldsymbol{s} = \int_{\rm A}^{\rm B} \boldsymbol{B}\cdot \mathrm{d}\boldsymbol{s} + \int_{\rm F}^{\rm E} \boldsymbol{B}\cdot \mathrm{d}\boldsymbol{s} = B_{\rm AB}l - B_{\rm EF}l = \mu_0 nlI$$

となり，また式 (6.14) から $B_{\rm EF}$ はゼロであるので

$$B_{\rm AB} = \mu_0 nI$$

と，ソレノイド内の磁束密度を式 (6.12) で求めた以外の方法でも求めることができる。

つぎに，**図 6.22** に示すような円環に一様に導線を巻いたソレノイド（円環状ソレノイド）内の磁束密度を求める。

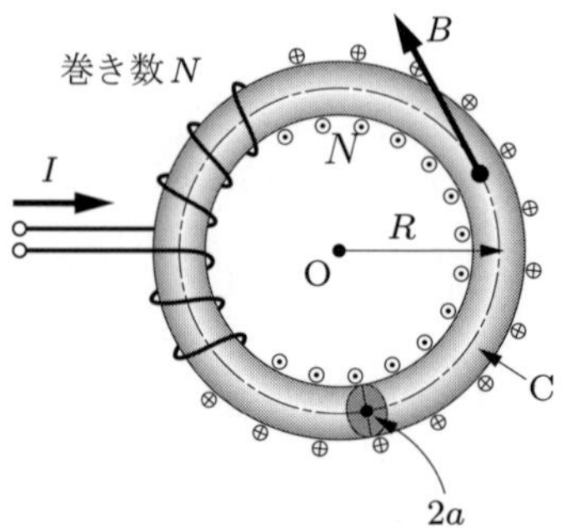

図 6.22　円環状ソレノイド

環状の断面の直径を $2a$，円環の平均半径を R，巻き数を N，ソレノイドに流れている電流を I とする。対称性からソレノイド内部には O

を中心とした同心円となる磁束線が発生し，半径 R の円周上（経路 C）では磁束密度 B は等しい。この円周上におけるアンペールの法則から

$$\int_{\mathrm{C}} \boldsymbol{B} \cdot \mathrm{d}\boldsymbol{s} = 2\pi RB = \mu_0 NI$$

$$B = \frac{\mu_0 NI}{2\pi R} \quad [\mathrm{T}] \tag{6.16}$$

となる。

> 円環状ソレノイド内の O を中心とした半径 $r(R-a<r<R+a)$ の位置の正確な磁束密度 B は
>
> $$B = \frac{\mu_0 NI}{2\pi r}$$
>
> であるが，$R \gg a$ が成り立つ場合は近似的にソレノイド内の磁束密度は一様で式 (6.16) としてよい。
> 式 (6.16) は単位長さ当たりの巻き数を n とすると $n = N/2\pi R$ より
>
> $$B = \frac{\mu_0 NI}{2\pi R} = \mu_0 nI$$
>
> となり，直線のソレノイドと同じ結果になる。

【例題 6.5】 半径 25 [cm]，総巻き数 800 の円環状ソレノイドに 3 [A] の電流を流したときのソレノイドの中心軸上の磁束密度を求めなさい。

解答　円環状ソレノイドの中心軸上の磁束密度は

$$B = \frac{\mu_0 NI}{2\pi R} \quad [\mathrm{T}]$$

であるので，

$$B = \frac{\mu_0 NI}{2\pi R} = \frac{4\pi \times 10^{-7} \times 800 \times 3}{2\pi \times 0.25} = 1.92 \times 10^{-3} \quad [\mathrm{T}]$$

6-4　磁界中の電流に働く力

6-1 節では，磁束密度を導入するために，磁界内の電流に働く力（磁気力）について述べたが，本節ではこの力について詳しく説明する。

磁界内において電流はつぎのような電磁力を受ける。磁束密度 $\boldsymbol{B}$ 内に直線電流 $\boldsymbol{I}$ が流れている場合，その電流の流れる導線の長さ L に受ける電磁力 $\boldsymbol{F}$ は

$$\boldsymbol{F} = L\boldsymbol{I} \times \boldsymbol{B} \quad [\mathrm{N}] \tag{6.17}$$

と表すことができる（**図 6.23**）。電磁力 $\boldsymbol{F}$ は，電流と磁束密度の両方の方向に対して垂直である。この電磁力を**アンペールの力**という。

電流 $\boldsymbol{I}$ と磁束密度 $\boldsymbol{B}$ とがなす角を θ とすれば，力の大きさ F は

$$F = LIB \sin\theta \quad [\mathrm{N}] \tag{6.18}$$

となる。電流と磁束密度が垂直の場合は，力の大きさは $\sin 90^\circ = 1$ なので

$$F = LIB \quad [\mathrm{N}] \tag{6.19}$$

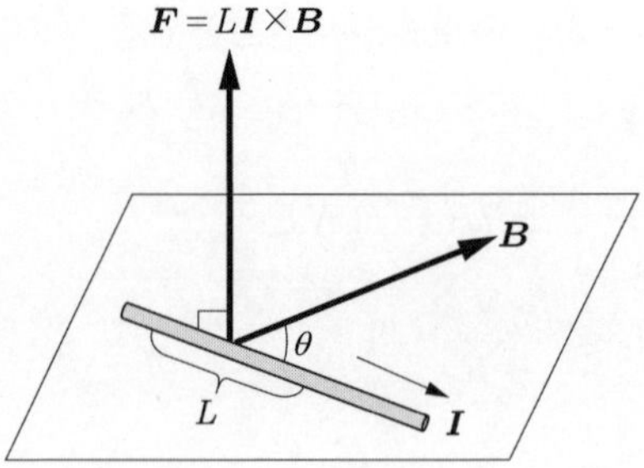

図 6.23　磁界内の電流に働く電磁力

となる。

電流と磁束密度が垂直の場合の電流，磁束密度，力の方向は式 (6.17) のベクトル積からもわかるが，これらの関係をわかりやすくしたものに**図 6.24** に示す**フレミングの左手の法則**がある。すなわち，電流の方向を左手の中指の向き，磁束密度の方向を左手の人差し指の向きとしたとき，力の方向は左手の親指の向きとなる。

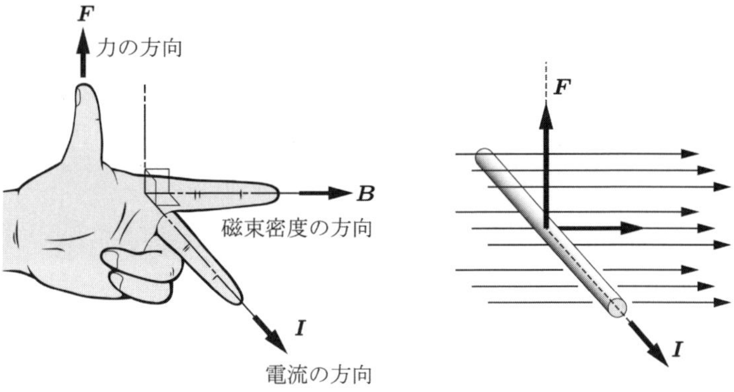

図 6.24　フレミングの左手の法則

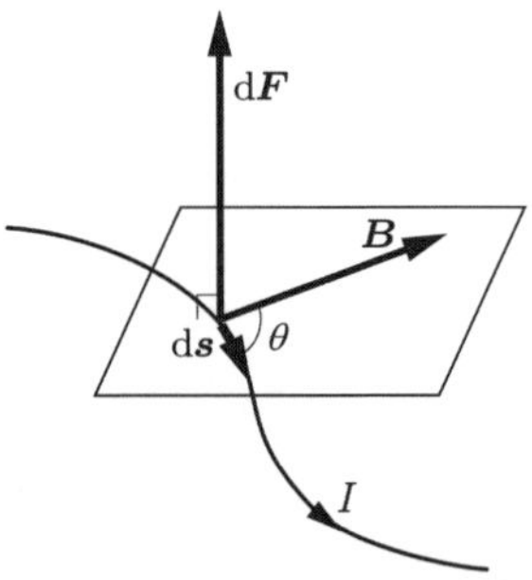

図 6.25　磁束密度 $\boldsymbol{B}$ 内の微小部分 $\mathrm{d}\boldsymbol{s}$ の電流 I に働く力 $\mathrm{d}\boldsymbol{F}$

【例題 6.6】　一様な 0.2 [T] の磁束密度の中に，磁束密度と $\pi/6$ の角度で 12 [A] の電流が流れている直線の導線が置かれている。この導線 50 [cm] に働く力の大きさを求めなさい。

解答　式 (6.18) から

$$F = LIB\sin\theta = 0.5 \times 12 \times 0.2 \times \sin(\pi/6) = 0.6 \quad \text{[N]}$$

$$(\because \sin(\pi/6) = 1/2)$$

磁束密度 $\boldsymbol{B}$ 内の直線でない導線に電流 I が流れる場合（**図 6.25**）は，

導線の微小部分 d$\boldsymbol{s}$ に働く力を d$\boldsymbol{F}$ とすると

$$\mathrm{d}\boldsymbol{F} = I\mathrm{d}\boldsymbol{s} \times \boldsymbol{B} \tag{6.20}$$

と表すことができる。したがって，導線全体に働く力は，式 (6.20) を導線全体にわたって積分すればよい。

$$\boldsymbol{F} = I\int \mathrm{d}\boldsymbol{s} \times \boldsymbol{B} \quad [\mathrm{N}] \tag{6.21}$$

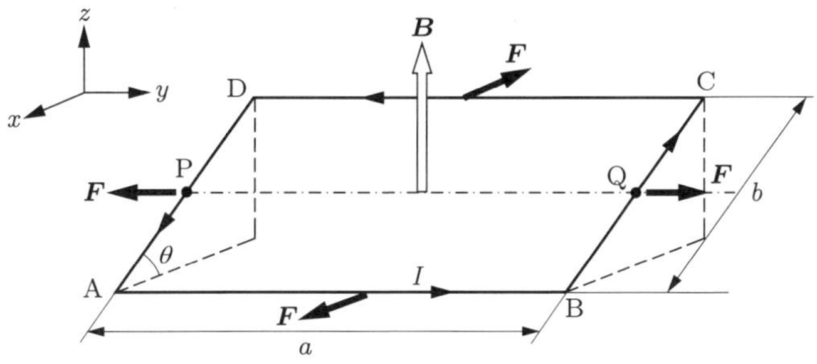

図 6.26　磁界中の長方形のコイルに働く力

図 6.26 に示すような z 方向に $\boldsymbol{B}$ の磁束密度が存在する中で，長方形のコイルに電流 I が流れている場合を考える。このとき，辺 BC に作用する力は y 方向，辺 DA に作用する力は $-y$ 方向であり，お互いに打ち消し合う。一方，辺 AB に作用する力は x 方向，辺 CD に作用する力は $-x$ 方向であり，この 2 つの力は作用線がずれているので，PQ を軸に**偶力**が働く。

辺 AB と CD では電流の方向と磁束密度の方向が垂直なので，その辺の長さを a とすると，その辺に働く力の大きさはそれぞれ IBa となる。辺 BC，DA の長さを b とし，磁束密度と垂直な方向との角度を θ とすると，辺 AB，CD に働く力に垂直な距離は $b\sin\theta$ であるので，**偶力のモーメント** N の大きさは

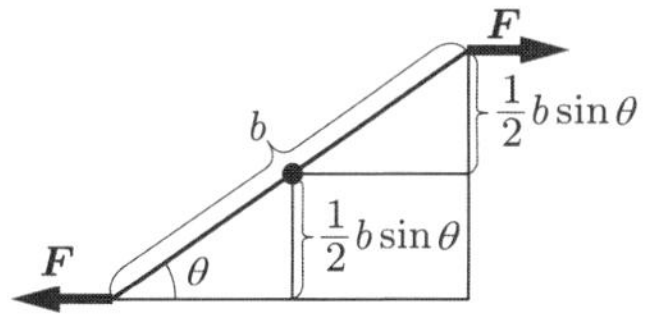

図 6.27　コイルに働く偶力

$$N = Fb\sin\theta = IBab\sin\theta = IBS\sin\theta \quad [\mathrm{N\cdot m}] \tag{6.22}$$

となる（**図 6.27**）。ここで，S はコイルの面積 ab である。この偶力のモーメントによってモーターが回転する。

6-5　磁界中の運動する荷電粒子に働く力

磁界中において，微小部分に流れる電流 $I\mathrm{d}\boldsymbol{s}$ が受ける力 d$\boldsymbol{F}$（アンペールの力）は，d$\boldsymbol{s}$ 部分に存在する荷電粒子に磁界が及ぼす力とみな

すことができる。そこで磁界中のこの荷電粒子に働く力を考える。

いま，断面積 S の導線内に荷電粒子が単位体積当たり n 個存在し，速度 v で動いている場合，導線を流れる電流 I は荷電粒子の電荷を q としたとき

$$I = qnvS \quad [\mathrm{A}] \tag{6.23}$$

と表すことができる（**図 6.28**）。したがって，磁束密度 $\boldsymbol{B}$ の磁界から $\mathrm{d}\boldsymbol{s}$ の導線に受ける力 $\mathrm{d}\boldsymbol{F}$ は，式 (6.20) より

$$\mathrm{d}\boldsymbol{F} = I\mathrm{d}\boldsymbol{s} \times \boldsymbol{B} = qnvS\mathrm{d}\boldsymbol{s} \times \boldsymbol{B}$$

である。荷電粒子の速度 $\boldsymbol{v}$ の方向と電流の微小部分 $\mathrm{d}\boldsymbol{s}$ の方向とは同じであるので

$$\mathrm{d}\boldsymbol{F} = qnS\mathrm{d}s\boldsymbol{v} \times \boldsymbol{B}$$

と書き換えることができる。ここで，荷電粒子 1 個に着目すると，1 個の粒子に働く力 $\boldsymbol{F}$ は

$$\boldsymbol{F} = q\boldsymbol{v} \times \boldsymbol{B} \quad [\mathrm{N}] \tag{6.24}$$

となる。この力を**磁界におけるローレンツ力**といい，$v = 0$ ではこの力は 0 となる。また，荷電粒子の速度 $\boldsymbol{v}$ に対して垂直に力が働くため，この力は荷電粒子の運動方向を変える。

電界 $\boldsymbol{E}$ と磁束密度 $\boldsymbol{B}$ が存在する中で，q の電荷をもった粒子が運動すると

$$\boldsymbol{F} = q(\boldsymbol{E} + \boldsymbol{v} \times \boldsymbol{B}) \quad [\mathrm{N}] \tag{6.25}$$

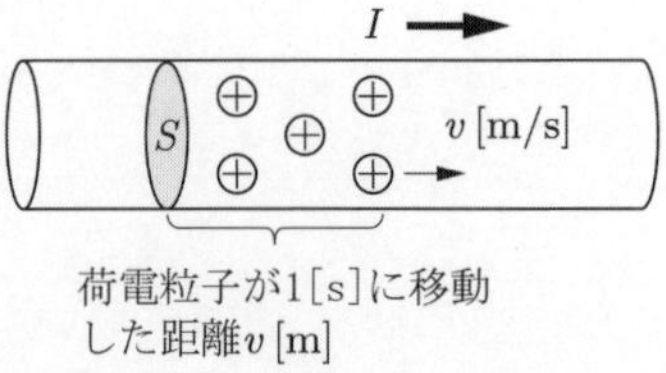

図 6.28　導線内の荷電粒子

荷電粒子の速度が v のとき，1 秒間に移動した距離が v であるので 1 秒間に移動した体積は vS となり，1 秒間に断面積 S を通過した荷電粒子の数は nvS となる。この荷電粒子の数に電荷 q を掛けると電流になる。

第 2 章静電界で説明したように，q の荷電をもつ粒子が電界 $\boldsymbol{E}$ から受ける力（クーロン力）$\boldsymbol{F}$ は

$$\boldsymbol{F} = q\boldsymbol{E}$$

である。

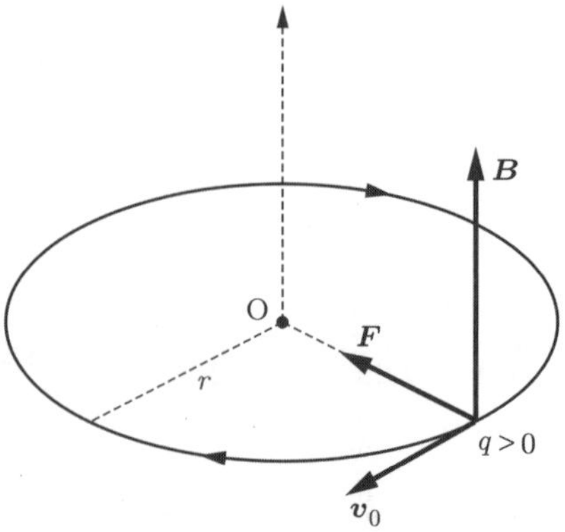

図 6.29　磁束密度 $\boldsymbol{B}$ に対して垂直に入った荷電粒子 $(q > 0)$ の運動

の力を受ける。この力を，一般に**ローレンツ力**という。

ここで，一様な磁界内における荷電粒子の運動について考えよう。質量 m，電荷 q $(q > 0)$ の粒子が，磁束密度 $\boldsymbol{B}$ に対して垂直に初速度 $\boldsymbol{v}_0$ で入ってきた場合，初速度 $\boldsymbol{v}_0$ とローレンツ力 $(\boldsymbol{F} = q\boldsymbol{v}_0 \times \boldsymbol{B})$ は磁束密度に垂直であるので，粒子は磁束密度に垂直な面で運動する。またローレンツ力は，つねに速度に対して垂直に働くため，粒子は等速円運動する（**図 6.29**）。この等速円運動を**サイクロトロン運動**という。

この等速円運動ではローレンツ力と遠心力とが釣り合うため（**図 6.30**）

$$qv_0B = m\frac{v_0^2}{r} \tag{6.26}$$

となり，これより荷電粒子の円運動の半径を**サイクロトロン半径** r_c といい

$$r_c = \frac{mv_0}{qB} \quad \text{[m]} \tag{6.27}$$

となる。また，この運動の角振動数 ω_c を**サイクロトロン角振動数**といい

$$\omega_c = \frac{v_0}{r} = \frac{qB}{m} \quad \text{[rad/s]} \tag{6.28}$$

となる。この ω_c は速度 v_0 に依存せず，質量と電荷との比 q/m と磁束密度 B によって決まる。

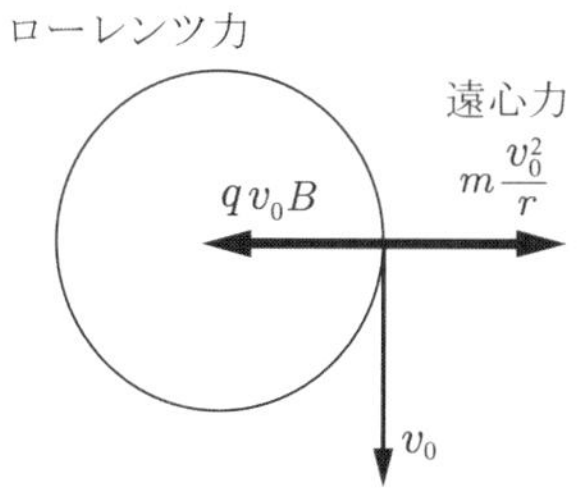

図 6.30　ローレンツ力と遠心力の釣り合い

角振動数 ω[rad/s] はつぎのように定義されているので

$$\omega = \frac{2\pi}{[1\text{ 周にかかる時間}]} = \frac{2\pi}{\left[\frac{2\pi r}{v}\right]} = \frac{2\pi v}{2\pi r} = \frac{v}{r}$$

となる。

【例題 6.7】　磁束密度 $B = 0.01$ [T] の一様な磁界中に，質量 $m_0 = 9.1\times10^{-31}$ [kg]，電荷 $e = 1.6\times10^{-19}$ [C] の電子が初速度 $v_0 = 3.5\times10^7$ [m/s] で飛び込んできたとき，電子のサイクロトロン半径とサイクロトロン角振動数を求めなさい。

解答　サイクロトロン半径 r_c は

$$r_c = \frac{mv_0}{qB} = \frac{9.1\times10^{-31}\times3.5\times10^7}{1.6\times10^{-19}\times0.01} = 2.0\times10^{-2} \text{ [m]}$$

となる。またサイクロトロン角振動数 ω_c は

$$\omega_c = \frac{qB}{m} = \frac{1.6\times10^{-19}\times0.01}{9.1\times10^{-31}} = 1.8\times10^9 \text{ [rad/s]}$$

となる。

6-6　磁荷と微小回路電流

6-1 節では，磁石から N 極または S 極だけを取り出すことができないことを説明した。このことは電荷とは異なり，プラス磁荷だけのような単独の磁荷が存在しないことを意味している。その原因は，磁石が微小回路電流の集合によって構成されているためである。この微小回路電流はこれまで学んできたように，その周りに磁界を発生させ，微小回路電流の集合がつくる磁界が磁石の磁界になる。このような微小回路電流を**分子電流**とよぶ。

$+q_m$ と $-q_m$ の磁荷による**磁気双極子**の磁束線と微小回路電流による磁束線を比べてみよう（**図 6.31**）。磁荷や微小回路電流から離れた領域の磁束線は同じ形をしていることがわかる。

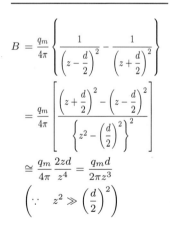

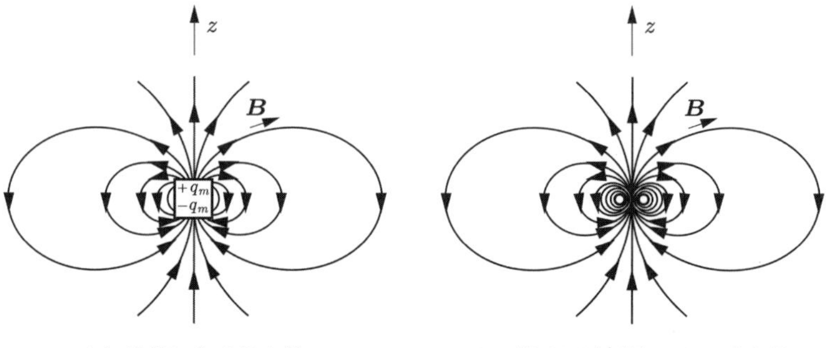

(a) 磁荷による磁束線　　**(b)** 微小回路電流による磁束線

図 6.31　磁荷と微小回路電流による磁界

$$B = \frac{q_m}{4\pi}\left\{\frac{1}{\left(z-\frac{d}{2}\right)^2} - \frac{1}{\left(z+\frac{d}{2}\right)^2}\right\}$$
$$= \frac{q_m}{4\pi}\left[\frac{\left(z+\frac{d}{2}\right)^2 - \left(z-\frac{d}{2}\right)^2}{\left\{z^2-\left(\frac{d}{2}\right)^2\right\}^2}\right]$$
$$\cong \frac{q_m}{4\pi}\frac{2zd}{z^4} = \frac{q_m d}{2\pi z^3}$$
$$\left(\because \quad z^2 \gg \left(\frac{d}{2}\right)^2\right)$$

いま，磁荷 q_m による磁束密度を

$$B = \frac{q_m}{4\pi r^2} \quad [\mathrm{T}] \tag{6.29}$$

とすると，図 6.31(a) に描いた磁荷による z 軸上の磁束密度は $\pm q_m$ の磁荷の距離を d とし，その中心を $z=0$ とすると $z \gg d$ の領域では

$$B \cong \frac{q_m d}{2\pi z^3} = \frac{m}{2\pi z^3} \tag{6.30}$$

である。ここで，$m = q_m d$ とした。$-q_m$ から $+q_m$ の方向と長さ d をもつベクトルを $\boldsymbol{d}$ とすると，$\boldsymbol{m} = q_m \boldsymbol{d}$ を**磁気双極子モーメント**という。

一方，図 6.31(b) の円形の微小回路電流による z 軸上の磁束密度は，例題 6.3 から円形の半径 a が z に比べ十分小さい（$a \ll z$）とすると

$$B \cong \frac{\mu_0 I a^2}{2z^3} = \frac{\mu_0 IS}{2\pi z^3} \quad [\mathrm{T}] \tag{6.31}$$

と表すことができる。ここで，$S = \pi a^2$ は円形の微小回路面積である。

式 (6.30) と式 (6.31) を比較すると，

$$m = \mu_0 IS \quad [\mathrm{Wb \cdot m}] \tag{6.32}$$

であることがわかる。すなわち，微小回路では $\mu_0 IS$ が磁気双極子モーメントの大きさに対応している。また，図 6.31(a) の磁荷による磁気双極子モーメントの大きさ m と，図 6.31(b) の微小回路における $\mu_0 IS$ が等しければ，磁荷や微小回路電流から離れた領域では両者の磁束密度は同じである。

式 (6.29) より磁束密度の単位は [T]，磁荷の単位は [Wb] であることから，[T] = [Wb/m^2] であることがわかる。

磁石の N 極と N 極には斥力が，N 極と S 極には引力が働くが，このように 2 つの磁荷 $q_{m\mathrm{A}}$ と $q_{m\mathrm{B}}$ に働く**磁荷間のクーロン力** F は，その間の距離を r とすると

$$F = \frac{1}{4\pi\mu_0}\frac{q_{m\mathrm{A}}q_{m\mathrm{B}}}{r^2} \quad [\mathrm{N}] \tag{6.33}$$

となる。

磁荷間のクーロン力 $\boldsymbol{F}$ のベクトル表示

$$\boldsymbol{F} = \frac{q_{m\mathrm{A}}q_{m\mathrm{B}}}{4\pi\mu_0}\frac{\boldsymbol{r}}{r^3} \quad [\mathrm{N}]$$

【例題 6.8】 4.0 [Wb] と 5.0 [Wb] の 2 つの磁荷が，距離 20 [cm] 離れて存在する。2 つの磁荷に働く力の大きさを求めなさい。

解答

$$F = \frac{1}{4\pi\mu_0}\frac{q_{m\mathrm{A}}q_{m\mathrm{B}}}{r^2} = \frac{4 \times 5}{4\pi \times 4\pi \times 10^{-7} \times 0.2^2} = 3.2 \times 10^7 \ [\mathrm{N}]$$

式 (6.29) より，磁荷 q_m による磁荷から r 離れたところの磁束密度 B は

$$B = \frac{q_m}{4\pi r^2} \quad [\mathrm{T}]$$

であるため，式 (6.33) より磁束密度 $\boldsymbol{B}$ 内の磁荷 q_m によるクーロン力 $\boldsymbol{F}$ はベクトル表示すると

$$\boldsymbol{F} = \frac{q_m}{\mu_0}\boldsymbol{B} \quad [\mathrm{N}] \tag{6.34}$$

と記述できる。

式 (6.5) に示した磁束密度 $\boldsymbol{B}$ と磁界の強さ $\boldsymbol{H}$ との関係のベクトル表示

$$\boldsymbol{B} = \mu_0 \boldsymbol{H} \quad [\mathrm{T}] \tag{6.35}$$

を用いると，式 (6.34) は

$$\boldsymbol{F} = q_m \boldsymbol{H} \quad [\mathrm{N}]$$

となる。

磁界の強さ $\boldsymbol{H}$ の単位は [N/Wb] であり，$\boldsymbol{F} = q_m\boldsymbol{H}$ の関係式からもわかるように，磁界の強さは磁荷がある場合の磁気力に対応している。一方，磁束密度 $\boldsymbol{B}$ の単位は [T] = [N/(A · m)] であり，$\boldsymbol{F} = I\boldsymbol{B}$ の関係式が示すように電流が存在する場合の磁気力に対応している。

電界の状態をわかりやすく表すために電気力線を導入したが，同様に磁界の強さや磁束密度の向きに沿った微小区間の方向をつないだそれぞれの曲線が**磁力線**と**磁束線**である。磁力線と磁束線は真空中では同じであるが，つぎの節で説明する磁性体内では異なる。

磁荷 q_m による磁界の強さ $\boldsymbol{H}$ は

$$\boldsymbol{H} = \frac{q_m}{4\pi\mu_0}\frac{\boldsymbol{r}}{r^3} \quad [\mathrm{A/m}] \tag{6.36}$$

と表すことができる。この式は，点電荷による電界の式と同じ形をしている。したがって，電界における電位と同様に，磁界の強さ $\boldsymbol{H}$ に対して点 A を基準とした A–B 間の磁位 V_H を

$$V_H = -\int_{\mathrm{A}}^{\mathrm{B}} \boldsymbol{H} \cdot \mathrm{d}\boldsymbol{s} \quad [\mathrm{A}] \tag{6.37}$$

と定義できる。また磁位 V_H から，磁界の強さ $\boldsymbol{H}$ を次式により求めることができる。

$$\boldsymbol{H} = -\mathrm{grad}\, V_H \quad [\mathrm{A/m}] \tag{6.38}$$

磁界の強さ $\boldsymbol{H}$ は，アンペールの法則（式 (6.8)）と式 (6.35) より，閉じた経路 C に対して

$$\int_{\mathrm{C}} \boldsymbol{H} \cdot \mathrm{d}\boldsymbol{s} = I \tag{6.39}$$

と記述できる。これは電界 $\boldsymbol{E}$ における

$$\int_{\mathrm{C}} \boldsymbol{E} \cdot \mathrm{d}\boldsymbol{s} = 0 \tag{6.40}$$

の静電界は保存的であること（図 2.27 参照）を示す式（これにより電位を定義することができた）と異なる（**図 6.32**）。つまり，磁界の強

点電荷 q による電界 $\boldsymbol{E}$ は

$$\boldsymbol{E} = \frac{q}{4\pi\varepsilon_0}\frac{\boldsymbol{r}}{r^3}$$

である。

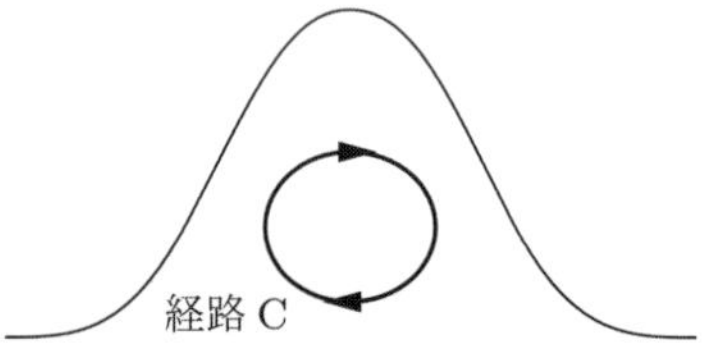

図 6.32　山の傾斜の一周積分

山道（閉じた経路 C）に沿ってその傾斜を一周足し合わせるとゼロになる。このことから山の高さが定義できる。これが式 (6.40) に対応しており，ゼロにならない場合は山の高さが定義できず，これが式 (6.39) に対応していて，磁位を厳密に定義できない理由である（図 2.27 参照）。

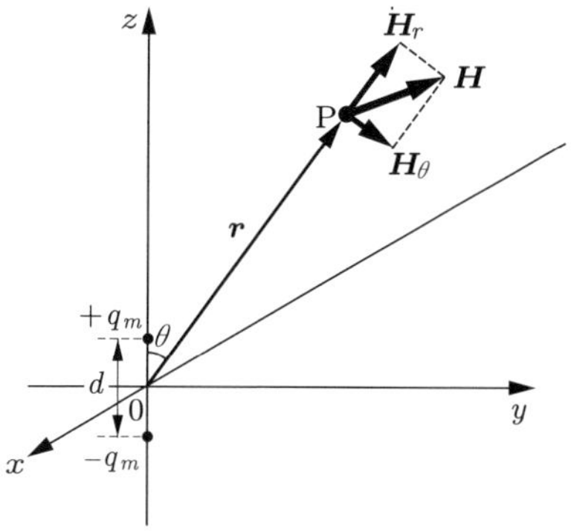

図 6.33　磁気双極子による点 P の磁界の強さ

さは保存的ではなく，厳密には磁位は定義できない。しかし，閉曲線 C 内に電流がない場合は

$$\int_{\mathrm{C}} \boldsymbol{H} \cdot \mathrm{d}\boldsymbol{s} = 0 \tag{6.41}$$

となり，磁位を扱える。

つぎに，磁気双極子モーメント $\boldsymbol{m}(= q_m \boldsymbol{d})$ による磁気双極子から十分離れた点 P における磁界の強さについて求める。最初に点 P における磁位 V_H は 2-8 節において求めた電位 V と同様の計算より

$$V_H = \frac{q_m d \cos\theta}{4\pi\mu_0 r^2} = \frac{m \cos\theta}{4\pi\mu_0 r^2} \quad [\mathrm{A}] \tag{6.42}$$

となる。ここで，θ は磁気双極子モーメント $\boldsymbol{m}$ と磁気双極子モーメントから点 P までの位置ベクトル $\boldsymbol{r}$ とのなす角である。

点 P の磁界の強さは，式 (6.38) を用いて求めることができ，極座標表示における磁界の強さ H_r と H_θ の成分は，電界におけるそれぞれの式 (2.40)，(2.41) と同様に

$$H_r = -\frac{\partial V_H}{\partial r} = \frac{2m\cos\theta}{4\pi\mu_0 r^3} \quad [\mathrm{A/m}] \tag{6.43}$$

$$H_\theta = -\frac{1}{r}\frac{\partial V_H}{\partial \theta} = \frac{m\sin\theta}{4\pi\mu_0 r^3} \quad [\mathrm{A/m}] \tag{6.44}$$

となる。

6–7　磁性体

電界内に誘電体が存在すると電界が変化したように，磁界内に物質が混入すると磁界が変化する。**図 6.34** に示すように，電流を流したソ

レノイドに鉄心を入れると，鉄心内の磁束密度は真空中の磁束密度と比べ約 10^5 倍となる。

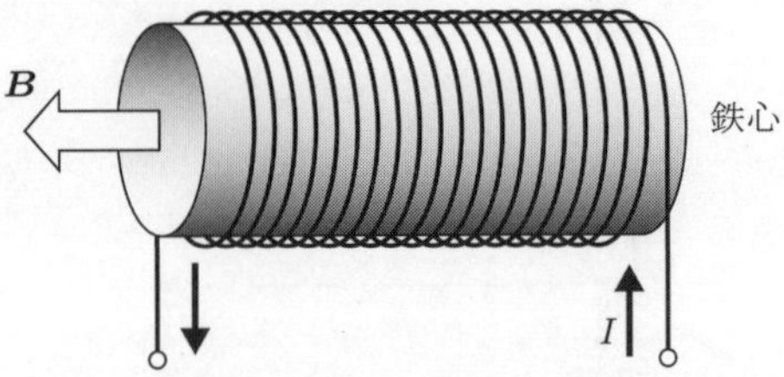

図 6.34　鉄心を入れたソレノイド

これは，ソレノイドに電流が流れていない場合は鉄心内にある分子電流がランダムの方向に流れていて，それによる磁束もランダムな方向に向いており，結果として平均した鉄心内の磁束密度はゼロになる。一方，ソレノイドに電流が流れている場合はソレノイド内に磁束が発生し，それによって鉄心内の分子電流やそれによる磁束が揃うため，鉄心をソレノイドに挿入することにより磁束密度は増大する（**図 6.35**）。

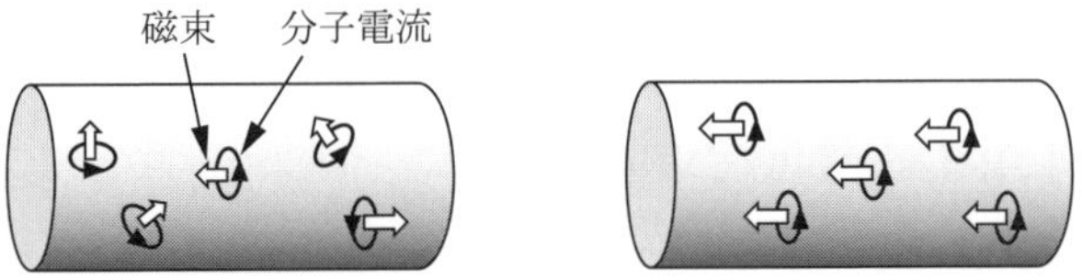

(a)　ソレノイドに電流が流れていない場合　　**(b)**　ソレノイドに電流が流れている場合

図 6.35　ソレノイドに流れている電流の有無による鉄心内の分子電流と磁束の方向

いま，ソレノイドに電流を流し，鉄心内の分子電流の向きが揃った場合を考え，その断面図を**図 6.36** に示す（もちろん，実際の分子電流の回路は非常に小さいことに注意する）。

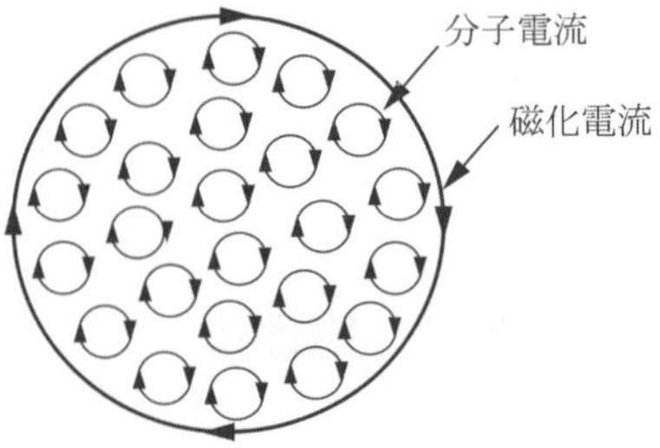

図 6.36　ソレノイドに電流が流れたときの鉄心内の分子電流と磁化電流

分子電流は鉄心の内部では隣接する分子電流の向きが逆になることから打ち消されるが，表面に接する分子電流は打ち消す相手がないため，表面の電流だけが残る。この電流を**磁化電流** I_m といい，外に取り出せない電流である。一方，実際にソレノイドに流れる電流を**伝導電流** I_e という。

したがって，鉄心を入れたソレノイドの磁束密度はアンペールの法則により

$$\int_{\mathrm{C}} \boldsymbol{B} \cdot \mathrm{d}\boldsymbol{s} = \mu_0 (I_e + I_m) \tag{6.45}$$

となる。

いま，磁化電流 I_m によって発生する磁束密度を $\boldsymbol{B}_m$ とすると

$$\boldsymbol{B}_m = \mu_0 \boldsymbol{M} \quad [\mathrm{T}] \tag{6.46}$$

として表せる磁化電流による磁界の強さの成分を**磁化ベクトル** $\boldsymbol{M}$ という。この磁化ベクトルは分子電流と等価な磁気双極子モーメント $\boldsymbol{m}$ の集合である。また，このように磁界により磁化ベクトルが生成される物質を**磁性体**という。

磁化電流と磁化ベクトルとの間にもアンペールの法則は成立する。

$$\int_{\mathrm{C}} \boldsymbol{M} \cdot \mathrm{d}\boldsymbol{s} = I_m \tag{6.47}$$

式 (6.47) を用いて式 (6.45) を書き換えると

$$\int_{\mathrm{C}} \boldsymbol{B} \cdot \mathrm{d}\boldsymbol{s} = \mu_0 I_e + \mu_0 \int_{\mathrm{C}} \boldsymbol{M} \cdot \mathrm{d}\boldsymbol{s} \tag{6.48}$$

となり，磁化ベクトル $\boldsymbol{M}$ の積分を左辺に移すと

$$\int_{\mathrm{C}} (\boldsymbol{B} - \mu_0 \boldsymbol{M}) \cdot \mathrm{d}\boldsymbol{s} = \mu_0 I_e \tag{6.49}$$

となる。そして

$$\mu_0 \boldsymbol{H} = \boldsymbol{B} - \mu_0 \boldsymbol{M} \quad [\mathrm{T}] \tag{6.50}$$

として，磁性体も含む一般的な空間において**磁界の強さ** $\boldsymbol{H}$ を再定義すると，式 (6.49) は

$$\int_{\mathrm{C}} \boldsymbol{H} \cdot \mathrm{d}\boldsymbol{s} = I_e \tag{6.51}$$

となり，真空中における式 (6.39) と一致する。この式は磁界の強さ $\boldsymbol{H}$ を用いたアンペールの法則である。この式によって，磁性体を含む空

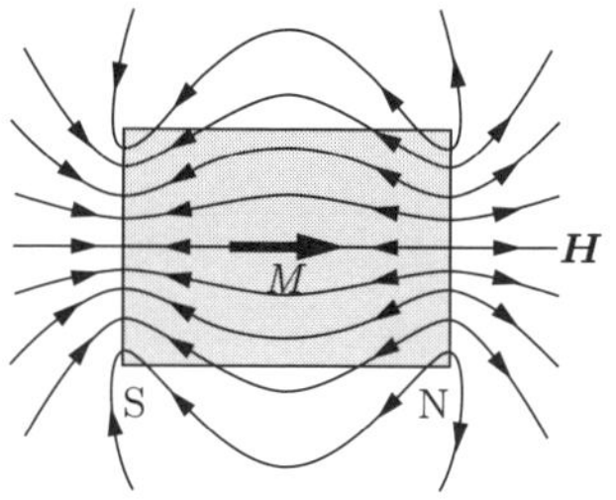

(a)

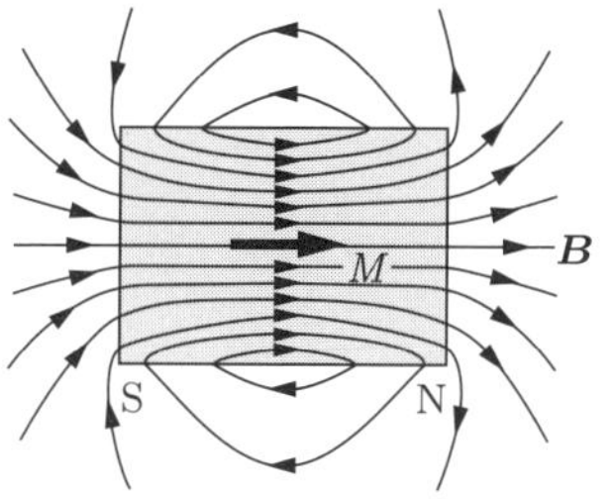

(b)

図 6.37　磁石内の (a) $\boldsymbol{H}$ による磁力線と (b)$\boldsymbol{B}$ による磁束線

- 磁力線は N 極 $(+q_m)$ から出て S 極 $(-q_m)$ で終わる。
- 磁束線は閉じている。
- 磁石外の磁力線と磁束線は同じ。

間であっても磁化電流 I_m を考慮せずに伝導電流 I_e のみによって磁界の強さ $\boldsymbol{H}$ を求めることができる。

一方，磁界におけるガウスの法則

$$\int_{S_0} B_n \mathrm{d}S = 0 \tag{6.52}$$

は磁性体を含む空間においても磁束線が閉曲線をとるため成立する。

伝導電流 I_e によって磁性体の内部に発生する磁化ベクトル $\boldsymbol{M}$ は，多くの場合 I_e がつくる磁界の強さ $\boldsymbol{H}$ に比例する。

$$\boldsymbol{M} = \chi_m \boldsymbol{H} \quad [\mathrm{A/m}] \tag{6.53}$$

電界における分極ベクトル $\boldsymbol{P}$ は，電界 $\boldsymbol{E}$ に比例する

$\boldsymbol{P} = \chi \boldsymbol{E}$

の関係に式 (6.53) は対応している。

ここで，χ_m は**磁化率**である。式 (6.50) に式 (6.53) を代入して整理すると

$$\boldsymbol{B} = \mu_0 \boldsymbol{H} + \mu_0 \chi_m \boldsymbol{H} = \mu_0 (1 + \chi_m) \boldsymbol{H} = \mu \boldsymbol{H} \quad [\mathrm{T}] \tag{6.54}$$

となる。ここで μ は**物質の透磁率**である。

つぎに，外からの磁界の強さ $\boldsymbol{H}$ によって磁性体内に生成される磁化ベクトル $\boldsymbol{M}$ の大きさを表す磁化率 χ_m の大きさ（**表 6.1**）によって磁性体を分類する。

表 6.1　物質の磁化率

物　質	磁化率 χ_m	磁性体	物　質	磁化率 χ_m	磁性体
空　気	3.6×10^{-7}	常磁性体	ダイヤモンド	-2.2×10^{-5}	反磁性体
アルミニウム	2.2×10^{-5}	常磁性体	金	-3.6×10^{-5}	反磁性体
カルシウム	1.9×10^{-5}	常磁性体	銀	-2.6×10^{-5}	反磁性体
リチウム	2.1×10^{-5}	常磁性体	純鉄	約2.0×10^{5}	強磁性体
プラチナ	2.9×10^{-4}	常磁性体	軟鉄	約2.0×10^{3}	強磁性体
水	-8.9×10^{-7}	反磁性体	コバルト	約2.7×10^{2}	強磁性体
銅	-9.2×10^{-6}	反磁性体	ニッケル	約1.8×10^{2}	強磁性体

外部磁界と同じ方向に磁化されるが磁化率が小さい $(\chi_m \ll 1)$ 物質を**常磁性体**という。また，外部磁界と反対方向に磁化され磁化率が小さい $(|\chi_m| \ll 1)$ 物質を**反磁性体**という。

そして，外部磁界と同じ方向に磁化されるが磁化率が極めて大きな $(\chi_m \gg 1)$ 物質を**強磁性体**という。強磁性体の外部から磁界を加え，

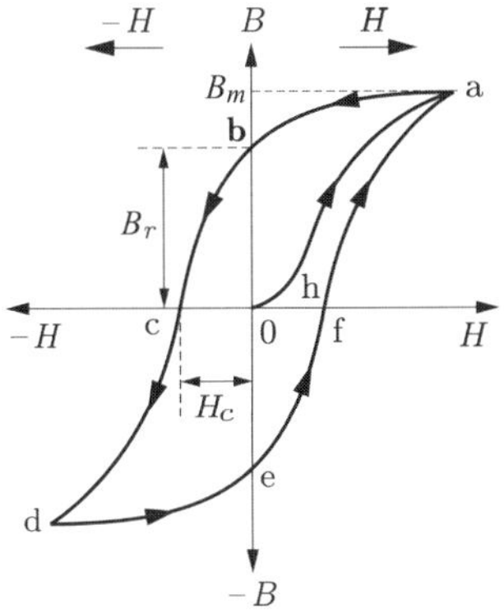

図 6.38　強磁性体の $B-H$ 曲線

この磁界の強さ H に対する磁性体内部の磁束密度 B を表した曲線を **$B-H$ 曲線**，または**磁化曲線**といい，**図 6.38** に示す。

H を増加させると，B は増加するがやがて飽和する（点 a)。このときの値 B_m を**飽和磁束密度**という。その後，H を減少させ $H=0$ のとき（点 b）の値 B_r を**残留磁束密度**という。この強磁性体の状態は**永久磁石**である。さらにマイナス方向に H を加えていくと，B はゼロとなる。このとき（点 c）の磁界の大きさの絶対値 H_c を**保持力**という。さらに H をマイナス方向に増加させると飽和する（点 d)。そこから再び H をプラスの方向に加えていくと点 b → 点 c → 点 d と同様に，点 d → 点 e → 点 f を経由して点 a に至る。このように強磁性体の状態は前の状態（履歴）に依存している。このような現象を**ヒステリシス（履歴現象）**という。

演習問題6

6.1 60 [kA] の雷放電電流によって 50 [m] 離れた地点での磁束密度の大きさを求めなさい。

6.2 長さ 40 [cm]，巻き数 400 のソレノイドに 2 [A] を流したとき，その内部の磁束密度を求めなさい。

6.3 真空中に 8×10^{-4} [Wb] のプラスの点磁荷があり，別の場所に 5×10^{-4} [Wb] の点磁荷があり，お互いそれぞれに 0.4 [N] の力で反発している。

(1) もう一方の点磁荷の符号はプラスかマイナスか。

(2) お互いの点磁荷間の距離を求めなさい。

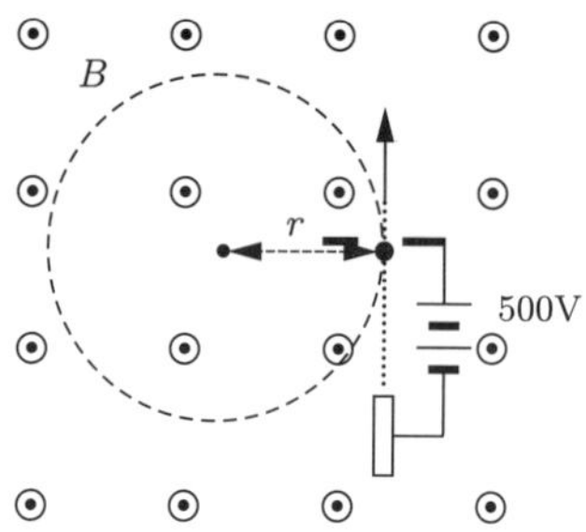

図 6.39

6.4 つぎの文章の〔　〕に適当な用語，式，数値などを入れなさい。
磁束密度 $B = 2.0 \times 10^{-3}$ [T] の一様な磁界中に，10^3 [V] で加速された電子を磁界と垂直に入射させた（**図 6.39**）。このとき電子の速度を v，電荷を $-e$，質量を m_e とし，また加速電圧を V とすると，加速電圧によって加速された電子のエネルギー eV は電子の運動エネルギー〔 ア 〕と等しくなる。
この方程式を解くと，速度 v は e，m_e，V を用いて〔 イ 〕と表すことができる。$e = 1.6 \times 10^{-19}$ [C]，$m_e = 9.1 \times 10^{-31}$ [kg] を用いて計算すると，v は〔 ウ 〕となる。加速された電子が描く円軌道の半径 r は，数値を入れて計算すると〔 エ 〕である。
また，このときのサイクロトロン角振動数は〔 オ 〕である。

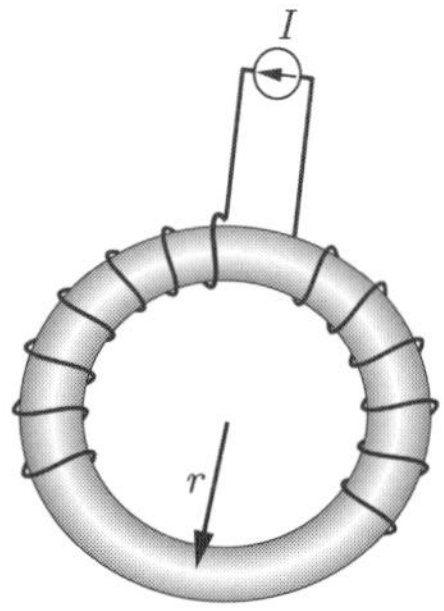

図 6.40

6.5 **図 6.40** のような円環状ソレノイドがある。ソレノイド内の鉄心の透磁率は $2\pi \times 10^{-4}$ [N/A^2]，円環中心線の半径 $r = 200$ [mm]，巻数 750 とすると，電流を 2 [A] 流した場合のソレノイドの中心線上の磁束密度を求めなさい。

第7章　電磁誘導

本章では，はじめに1831年にファラデーによって発見された，時間的に変化する磁界が誘導起電力をつくる現象である電磁誘導について説明する。つぎに，この電磁誘導現象を利用した電気回路素子として重要なコイルの特性を表すインダクタンスについて，その定義や導出方法などを説明する。

7-1　ファラデーの電磁誘導の法則と誘導起電力

図 7.1 に示すように，磁石を上下に運動させることでコイルを貫く磁束に対して時間的変化を与えることを考える。このとき時間経過に伴ってコイルを貫く磁束が増減すると，このコイルには磁束の変化に応じた起電力が生じ，コイルにはこの起電力に起因する電流が流れる。この現象を**電磁誘導**という。

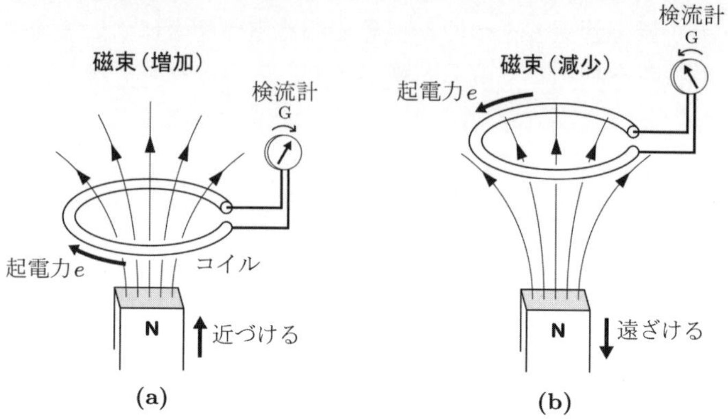

図 7.1　磁石の変化による電磁誘導現象

ここで，電磁誘導現象が生じるかを実験的に確かめてみよう。いま，コイルの近くに磁石を置き，コイルには検流計（電流が流れているかどうかを調べる計器）を接続しておく。このとき，この磁石に以下の作用をさせることにより，検流計の振れ（起電力の有無）は以下のとおりになる。

- 磁石をコイルに近づけたり遠ざけたりすると，磁石が運動している間だけ検流計が振れる（起電力が生じる）。
- 磁石を動かす向きを反対にすると，検流計の向きが反対（起電力の向きが反対）になる。
- 磁石の動かし方を速くすると，検流計の振れが大きくなる（起電力が高くなる）。
- 磁石を固定してコイルを動かしても，検流計が振れる（起電力が生じる）。
- 磁石およびコイルがともに静止している場合には，検流計は振れない（起電力が生じない）。

つぎに，**図 7.2** に示すように，コイル A およびコイル B の 2 つのコイルの一方に電流を流しておき，前述の磁石の場合と同様に，磁石を近づけたり遠ざけたりすると他方のコイルに起電力が生じる。

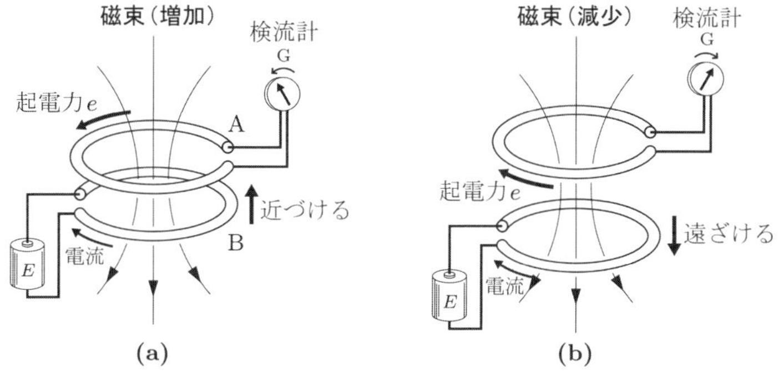

図 7.2　電磁誘導現象（電流の流れるコイルの変化）

また，**図 7.3** に示すように，コイル B にスイッチを設けておくと，スイッチの ON と OFF によりコイル A に生じる起電力は以下のようになる。

- スイッチを入れたとき（ON），もしくは切ったとき（OFF）に，その ON と OFF の瞬間に起電力が生じる。
- スイッチを入れたとき（ON），もしくは切ったとき（OFF）とでは，生じる起電力の方向が反対になる。

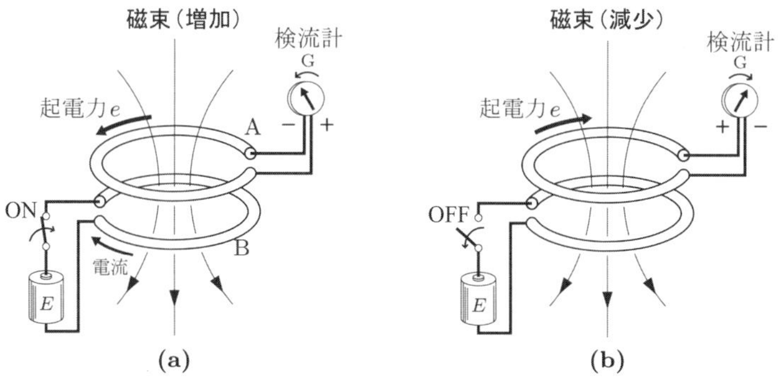

図 7.3　電磁誘導現象（電流の ON，OFF による起電力）

上記の他に，一方のコイルに流れる電流の変化（増減）によって他方のコイルを貫く磁束が変化するときにも起電力が生じる。

このように，何らかの作用によってコイルを貫く磁束が変化するときに起電力が誘導される現象を**電磁誘導**といい，この電磁誘導により生じる起電力を**誘導起電力**，その際に流れる電流を**誘導電流**という。

7-1-1　電磁誘導の法則の物理的意味

前節で述べられた電磁誘導現象について，ファラデーは以下のようにまとめている。

「電磁誘導によって回路（コイル）に誘起される起電力は，その回路と鎖交する（貫く）磁束の時間変化の割合に比例する。」

このことを数式で表現する。1回巻きのコイルを貫く磁束が微小時間 Δt［秒］の間に $\Delta \Phi$［Wb］だけ変化したとすると，その際の誘導起電力 e は，

$$e \propto \frac{\Delta \Phi}{\Delta t} \tag{7.1}$$

で表される。このとき，この式 (7.1) の右辺は，微小時間あたりのコイルを貫く磁束の変化を表している。このことから，コイルを貫く磁束がたとえ存在していても，磁束が時間的に変化しなければ誘電起電力は生じないことがわかる。

また，起電力 e の単位を [V]，磁束 Φ の単位を [Wb]（ウェーバー）とした単位系では，式の比例係数が1となるように定められているので，式 (7.1) は，

$$e = -\frac{\Delta \Phi}{\Delta t} \quad [\mathrm{V}] \tag{7.2}$$

と書ける。ここで，上式の負（–）の符号は，磁束の変化をつねに抑えようとする向きに誘導起電力が生じるという反作用の意味を示している。

なお，上式を微分で表現すると，**ファラデーの電磁誘導の法則**を表す，

$$e = \lim_{\Delta t \to 0}\left(-\frac{\Delta \Phi}{\Delta t}\right) = -\frac{\mathrm{d}\Phi}{\mathrm{d}t} \quad [\mathrm{V}] \tag{7.3}$$

が得られる。

7-1-2　誘導起電力の大きさ

ファラデーの電磁誘導の法則では誘導起電力の大きさとその向きが示されているが，ここでは具体的に誘導起電力の大小を表してみよう。

式 (7.2) の意味は，**「1回巻きのコイルを貫く磁束が1秒間に1 Wbの割合で変化すると，1 Vの誘導起電力が生じる」**ことを表している。

つぎに，N 回を巻き数としたコイルを考えると，1 回巻きのコイルに生じる誘導起電力 e の N 倍の誘導起電力が生じることになるため，

$$e = -\frac{N\Delta\Phi}{\Delta t} = -\frac{\Delta(N\Phi)}{\Delta t} \quad \text{[V]}$$

となる。ここで，巻き数と磁束との積である $\phi = N\Phi$ のことを**磁束鎖交数**（もしくは**鎖交磁束**）という。この磁束鎖交数は，**図 7.4** に示すように，もともと電流の流れるコイルは必ず閉回路（ループ）になっており，磁束も同様に連続したループ状を形成している。したがって，「コイルの中を貫く磁束が変化する」ということは，「磁束鎖交数が変化する」ことと同じ意味である。磁束鎖交数の単位は，巻き数 [回] が物理単位ではないため，磁束の単位 [Wb] と同じである。

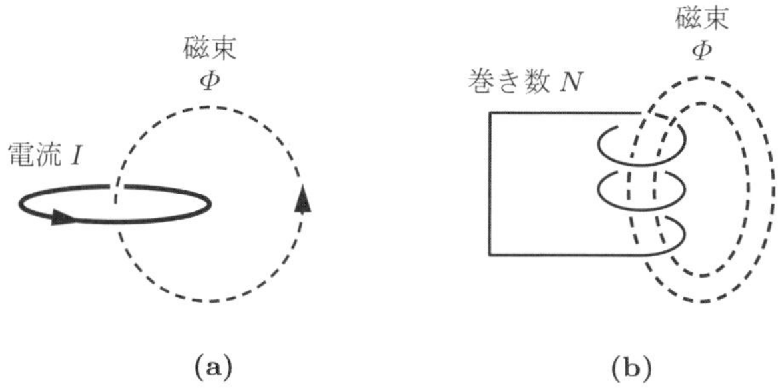

図 7.4　鎖交の状態 (a) と磁束鎖交数 (b)

この磁束鎖交数 $\Delta\phi = \Delta(N\Phi)$ で誘導起電力 e を表し直すと，

$$e = -\frac{\Delta\phi}{\Delta t} \quad \text{[V]}$$

となり，この式に対して $\Delta t \to 0$ の極限をとることで，

$$e = -\frac{\mathrm{d}\phi}{\mathrm{d}t} \quad \text{[V]}$$

と表すことができる。

7-1-3　誘導起電力の方向

つぎに，コイルを貫く磁束の増減によって，誘電起電力がどのような向きに生じるかについて考えてみよう。

ファラデーの電磁誘導の法則を表す式 (7.3) における負（−）の符号は誘導起電力の向きを表しているが，これは電荷の「+」と「−」という絶対的な表現とは異なり，起電力の向きを表す相対的な意味での符号である。また，誘導起電力の向きは磁束の増減に対して反作用の向

きを表している。この誘導起電力の向きは，以下の**レンツの法則**で説明される。

「電磁誘導によって生じる起電力は，その起電力による誘導電流がつくる磁束が，もとの磁束の変化を妨げる向きに発生する。」

たとえば，**図 7.5** に示すように，コイルに磁石を近づけたときと，遠ざけたときにおけるコイルに生じる誘導起電力の方向を考えてみよう。コイルに磁石の N 極を近づける場合（図 7.5(a) 参照）には，コイルを貫く実線で示す矢印の方向の磁束が生じる。このとき，コイルはこの磁束の増加を抑えようとするため，太い矢印の方向に磁束をつくるような電流を流そうとする向き（図 7.5(a) における向き（a → b））に誘導起電力が生じる。同様に，磁石を遠ざける場合（図 7.5(b) 参照）には，磁束の減少を抑えようとするため，もとの磁束と同じ向きに磁束をつくる向き，すなわち磁石を近づけるときと反対向き（図 7.5(b) における向き（a → b））の誘導起電力を生じる。

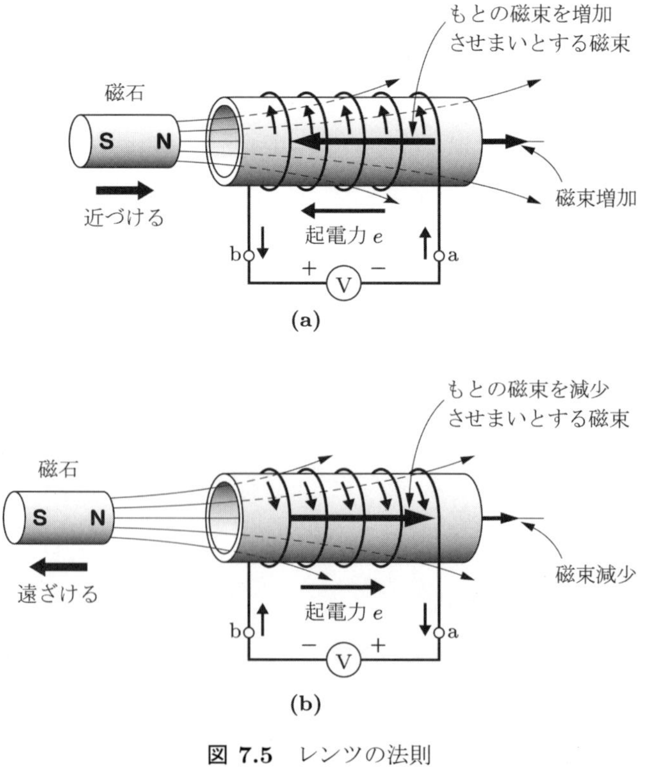

図 7.5　レンツの法則

したがって，反作用を生じるのは磁束のみならず a–b 間を短絡して磁石を近づけようとすると，近づけさせまいとする力学的な反作用も起こる。

> **【例題 7.1】** 巻き数 N のコイルに，時間変化する磁束 $\Phi(t) = \Phi_0 \sin\ \omega t$ が鎖交するとき，コイル内に生じる起電力を求めよ。

解答　鎖交磁束（磁束鎖交数）は，$\phi = N\Phi$ であるから，誘導起電力 e は，

$$e = -\frac{\mathrm{d}\phi}{\mathrm{d}t} = -\frac{\mathrm{d}\,(N\Phi_0 \sin\omega t)}{\mathrm{d}t} = -N\Phi_0\omega\cos\omega t$$
$$= (N\Phi_0\omega)\sin\left(\omega t - \frac{\pi}{2}\right)$$

7-1-4　ファラデーの法則

図 7.6 に示すように，コイル C を貫く磁束が増加する場合には，磁束の増加を抑える方向に誘導起電力が生じ，コイルにこの起電力に起因する誘導電流が流れる。

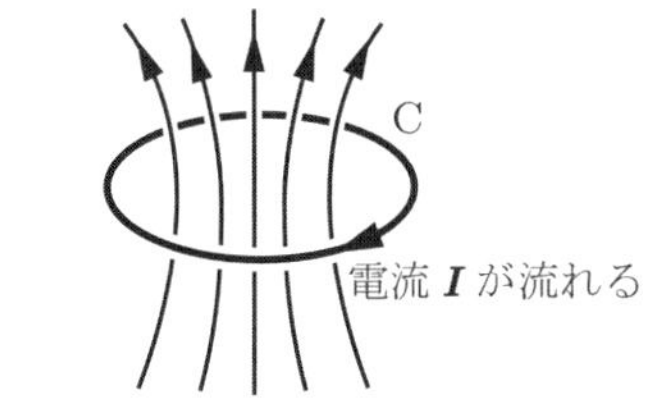

図 7.6　電磁誘導

このとき，閉回路（コイル）C を貫く磁束 Φ は，コイル C で囲まれた任意の曲面 S の法線ベクトル $\boldsymbol{n}$ を用いて，

$$\Phi = \int_{\mathrm{S}} \boldsymbol{B}\cdot\boldsymbol{n}\ \mathrm{d}S = \int_{\mathrm{S}} \boldsymbol{B}\cdot\mathrm{d}\boldsymbol{S} = \int_{\mathrm{S}} B_n\ \mathrm{d}S \tag{7.4}$$

と表され，磁束密度ベクトル $\boldsymbol{B}$ の法線方向成分 B_n をコイル C で囲まれた任意の曲面 S の全面積で積分したものである。

さて，閉回路 C に誘導電流が流れるということはその回路の中に電界が発生し，それによって C を構成する導線内の荷電粒子（電子）が力を受ける（動かされる）ものと考えてよい。このとき，起電力が単位電荷になす仕事量として定義されるので，発生した電界 $\boldsymbol{E}$ によって単位電荷（1 [C]）が回路 C の 1 周にわたってなす起電力（仕事量）e を求めると，

$$e = \int_{\mathrm{C}} \boldsymbol{E}\cdot\mathrm{d}\boldsymbol{s} \tag{7.5}$$

と表される。ここで，$\mathrm{d}\boldsymbol{s}$ は円周に沿った線素ベクトルである。また，この積分は閉回路 C を反時計回りにとるものとする。

式 (7.5) と式 (7.4) を式 (7.3) に代入すると，

$$\int_{\mathrm{C}} \boldsymbol{E}\cdot\mathrm{d}\boldsymbol{s} = -\int_{\mathrm{S}} \frac{\partial B_n}{\partial t}\mathrm{d}S = -\int_{\mathrm{S}} \frac{\partial \boldsymbol{B}}{\partial t}\cdot\boldsymbol{n}\ \mathrm{d}S \tag{7.6}$$

となる。

このとき，ファラデーは，上式におけるCを空間内に想定した任意の閉曲線とし，上式右辺のSを任意の閉曲線に囲まれた任意の曲面としても上式が成り立つとした。このように，一般化した式(7.6)を，上述のファラデーの電磁誘導の法則を表す式(7.3)と区別して**ファラデーの法則**とよぶ。

この式から，静電界の場合には上式の右辺が必ずゼロ（0）となるので，電位（静電ポテンシャル）ϕが一意に存在し，

$$\boldsymbol{E} = -\frac{\mathrm{d}\phi}{\mathrm{d}s} \tag{7.7}$$

と表されるが，電磁界が時間的に変化する場合には必ずしもゼロ（0）ではないため，静電ポテンシャルに対応するものは存在しない。

この積分形式で書かれたファラデーの法則を表す式(7.6)を微分形式で表してみる。式(7.6)の左辺である線積分に対して，ベクトルの**回転**（rot もしくは curl）を利用して**ストークスの定理**を適用することにより，この線積分を閉曲線Cに囲まれた曲面Sでの面積分に変換できる。

$$\int_{\mathrm{C}} \boldsymbol{E}\cdot\mathrm{d}\boldsymbol{s} = \int_{\mathrm{S}} \mathrm{rot}\ \boldsymbol{E}\cdot\boldsymbol{n}\ \mathrm{d}S = \int_{\mathrm{S}} (\boldsymbol{\nabla}\times\boldsymbol{E})\cdot\boldsymbol{n}\ \mathrm{d}S \tag{7.8}$$

式(7.8)の rot $\boldsymbol{E}$ はベクトルであり，以下のように定義される。

$$\begin{aligned}\mathrm{rot}\ \boldsymbol{E} &= \boldsymbol{\nabla}\times\boldsymbol{E} \\ &= \begin{vmatrix} \boldsymbol{i} & \boldsymbol{j} & \boldsymbol{k} \\ \dfrac{\partial}{\partial x} & \dfrac{\partial}{\partial y} & \dfrac{\partial}{\partial z} \\ E_x & E_y & E_z \end{vmatrix} \\ &= \left(\frac{\partial E_z}{\partial y} - \frac{\partial E_y}{\partial z}\right)\boldsymbol{i} \\ &\quad + \left(\frac{\partial E_x}{\partial z} - \frac{\partial E_z}{\partial x}\right)\boldsymbol{j} \\ &\quad + \left(\frac{\partial E_y}{\partial x} - \frac{\partial E_x}{\partial y}\right)\boldsymbol{k}\end{aligned}$$

この式(7.8)を式(7.6)に代入すると，

$$\int_{\mathrm{S}} \mathrm{rot}\ \boldsymbol{E}\cdot\boldsymbol{n}\ \mathrm{d}S = -\int_{\mathrm{S}} \frac{\partial\boldsymbol{B}}{\partial t}\cdot\boldsymbol{n}\ \mathrm{d}S \tag{7.9}$$

となり，両辺がともに面積分となるので，上式の右辺を左辺に移項すると，

$$\int_{\mathrm{S}} \left(\mathrm{rot}\ \boldsymbol{E} + \frac{\partial\boldsymbol{B}}{\partial t}\right)\cdot\boldsymbol{n}\ \mathrm{d}S = 0 \tag{7.10}$$

となる。このとき，任意の曲面Sに対して上式がつねに成り立つためには，

$$\mathrm{rot}\ \boldsymbol{E} + \frac{\partial\boldsymbol{B}}{\partial t} = 0 \tag{7.11}$$

を満足しなければならない。

このとき，**微分形式のファラデーの法則**は以下のように表される。

$$\mathrm{rot}\ \boldsymbol{E} = -\frac{\partial\boldsymbol{B}}{\partial t} \quad もしくは \quad \boldsymbol{\nabla}\times\boldsymbol{E} = -\frac{\partial\boldsymbol{B}}{\partial t} \tag{7.12}$$

7-2　磁界中で運動する導体に生じる起電力

いま，**図 7.7** に示すように，検流計を磁界の外側に出るように導線の両端に接続し，導線を図の v の方向に運動させた場合を考えてみよう。このとき，磁界中の導線と，検流計および検流計を結ぶ導線によって，1 つの閉回路（1 回巻きのコイル）と考えることができる。

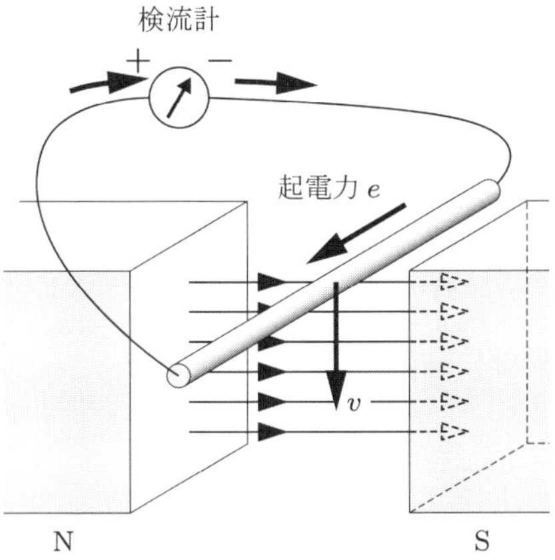

図 7.7　磁界中で運動する導体に生じる起電力

ここで，磁界中の導線が v の方向に運動し，この回路を貫く磁束が Δt [s] 間に $\Delta \Phi$ [Wb] だけ変化したとすれば，電磁誘導作用によって生じる起電力 e の大きさは，

$$|e| = \frac{\Delta \Phi}{\Delta t} \quad [\mathrm{V}]$$

となる。このとき，図のように検流計が磁界のある場所の上側であっても下側であっても，また検流計を接続する導線の長さや形状にも無関係であることがわかる。また，**磁束が変化する**ことを表現を変えて説明すると，磁界中の導体が Δt [s] 間に $\Delta \Phi$ [Wb] の**磁束を横切る**ことによって起電力 e が生じるといい換えることができる。導線が磁界の方向に運動する場合には，磁束（磁界）を横切らないので起電力は生じない。

7-2-1　運動する導体に生じる起電力の向き

つぎに，運動する導線に生じる起電力の向きを考えてみよう。

図 7.8(a) に示すように，導線が下方に運動すると回路を貫く磁束が増加するため，レンツの法則により起電力の向きは a → b である。こ

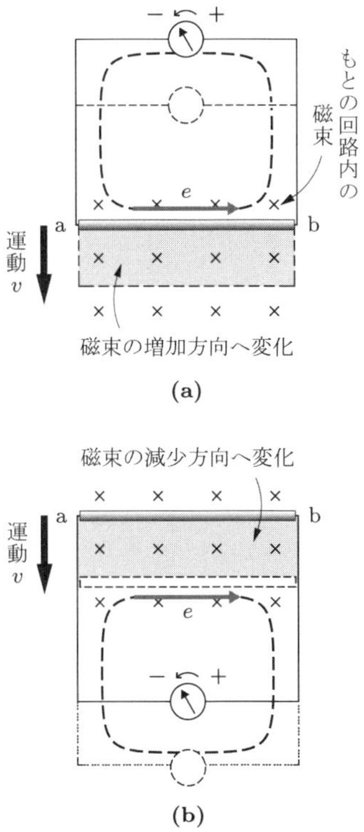

図 7.8　運動導体の起電力の方向の説明

れと同様に，図 7.8(b) においても起電力の向きは a → b である。したがって，起電力の向きは，運動する導線の速さ v の方向および磁束（磁束密度 B）の方向で決定される。この起電力の向きをベクトル積で表現すれば，$\boldsymbol{v} \times \boldsymbol{B}$ となる。このとき，この起電力の向きと誘導電流の向きが同じであることに注意が必要である。

図 7.9 に示すように，磁束密度 B，運動する導体の速さ v，起電力 e（誘導電流 i）のそれぞれの方向を示す関係は，右手の三本指（親指，人差し指，中指）を用いた**フレミングの右手の法則**で表すことができる。この法則は，以前学んだフレミングの左手の法則と対称の関係にあり，導線が磁界中で運動して磁束を横切る場合の誘導起電力の方向を知るための法則である。

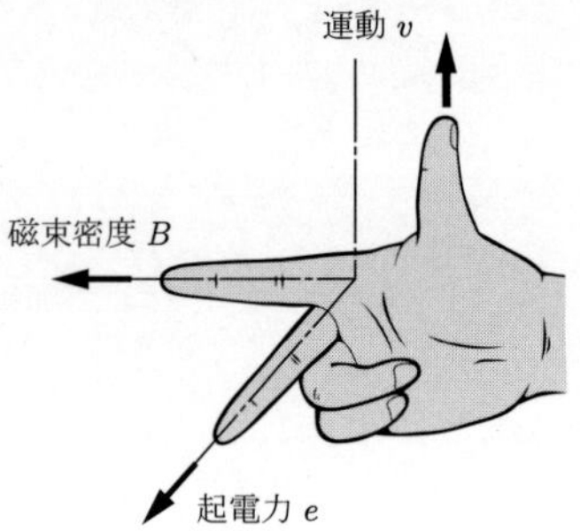

図 7.9　フレミングの右手の法則

7-2-2　運動する導体に生じる起電力の大きさ

図 7.10 に示すように，磁束密度 B [T] の平等磁界中で長さ l [m] の導線を，磁界と直角方向に一定の速さ v [m/s] で直線運動するときの誘導起電力 e の大きさを求めてみよう。

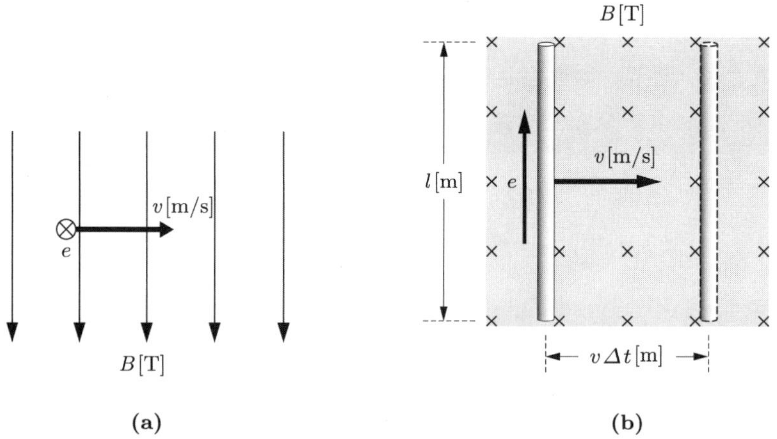

図 7.10　運動導体に生じる起電力の大きさ

導線が Δt [s] 間に進む距離は $v\Delta t$ [m] であるので，Δt [s] 間に導線によって切られる磁束を $\Delta\Phi$[Wb] とすると，

$$\Delta\Phi = B \cdot (v\Delta t)l = vBl\Delta t \quad [\mathrm{Wb}]$$

であるので，誘導起電力の大きさ $|e|$ は，

$$|e| = \left| -\frac{\Delta\Phi}{\Delta t} \right| = \frac{\Delta\Phi}{\Delta t} = vBl \quad [\mathrm{V}] \tag{7.13}$$

と表すことができる。

つぎに，**図 7.11** に示すように，導線が磁界（磁束密度 B）に対して θ の方向に運動する場合を考えると，導線が磁界に直角に運動することによって，Δt [s] 間に $vBl\Delta t\sin\theta$ だけ磁束を横切るので，

$$|e| = vBl\sin\theta \quad [\mathrm{V}] \tag{7.14}$$

となる。

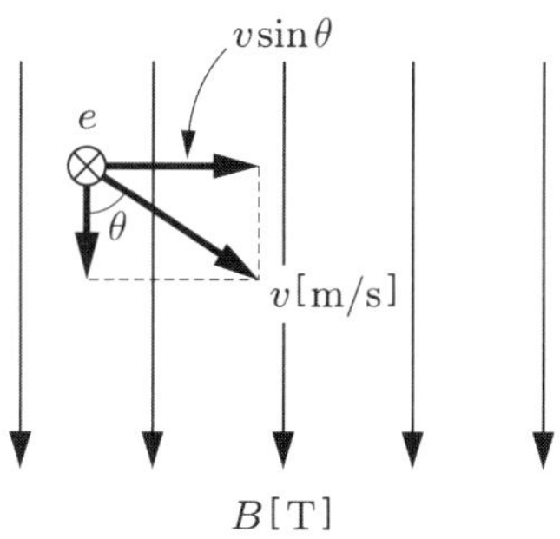

図 7.11　磁界から θ の角度で運動するときの起電力

さらに，**図 7.12** に示すように，平等磁界中で導線が回転運動する場合の起電力について考えてみよう。

導線が速度 v [m/s] 一定で円運動するので，角度 θ が時々刻々変化する。このことは，式 (7.14) における θ が変化することに対応するので，起電力 e も時々刻々変化することになる。すなわち，導線（導体）が点 a においては $\theta = 0$ [°] であるため起電力がゼロ（0）である。それに対して，導線（導体）が点 b に到達したときには $\theta = \phi$ [°] であり，このときの瞬時の起電力は，

$$e = vBl\sin\phi \quad [\mathrm{V}]$$

となる。ただし，点 b での起電力をプラスとした。つぎに，点 c においては $\theta = 90$[°] により $\sin\theta = 1$ となるため，この点での瞬時の起電力は最大となる。この起電力の最大値を E_{m} とすると，

$$E_{\mathrm{m}} = vBl \quad [\mathrm{V}] \tag{7.15}$$

となるので，導体（導線）が回転運動するときに生じる誘電起電力 e は

$$e = E_{\mathrm{m}}\sin\theta \tag{7.16}$$

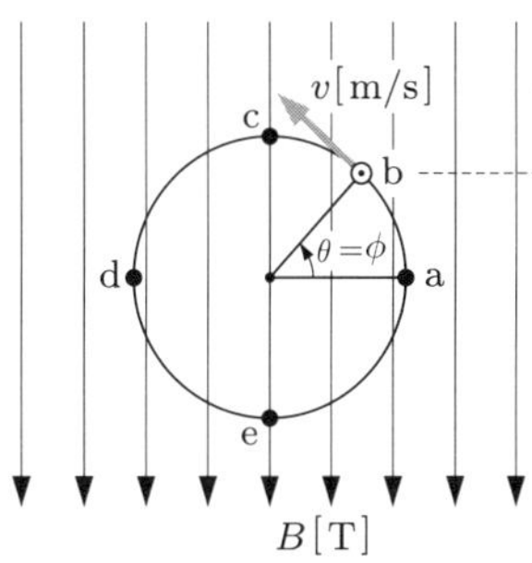

図 7.12　回転運動する導体の起電力

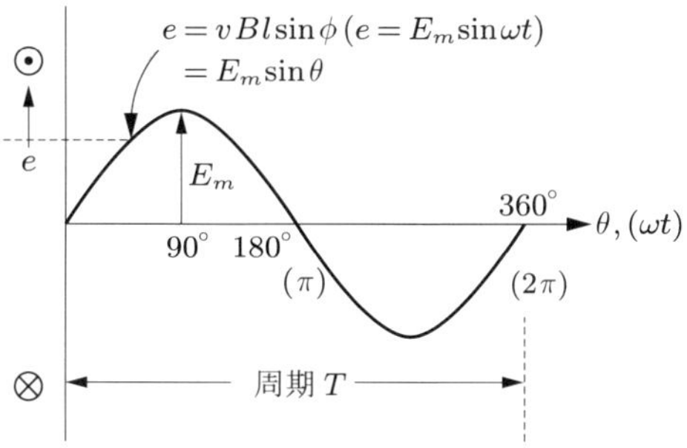

図 7.13　正弦波交流起電力

で表され，**図 7.13** に示すような正弦波状に変化する起電力，すなわち**正弦波交流**が生じることになる。これが**交流発電機の原理**である。

それに加え，導線が T [s] 間に1回転したとすると，回転の速度，すなわち角速度は $2\pi/T = \omega$，t [s] 後の回転角 θ は $\theta = \omega t$ で表される。

したがって，交流の起電力を表す式は，

$$e = E_\mathrm{m} \sin \omega t = E_\mathrm{m} \sin \frac{2\pi}{T} t = E_\mathrm{m} \sin 2\pi f t \quad [\mathrm{V}] \qquad (7.17)$$

となる。ここで，T を**周期** [s]，周期の逆数 $1/T = f$ を**周波数** [Hz] という。

【例題 7.2】 **図 7.14** のように，磁束密度 B の一様な磁界中に面積 S の長方形の回路 ABCD をおき，回路を磁界に垂直な軸のまわりに一定の角速度 ω で回転させた。

(1) 回路 ABCD を貫く磁束の時間変化を調べることにより，回路に生じる誘導起電力を求めよ。

(2) 回路の各辺にはたらくローレンツ力によって生じる誘導起電力をそれぞれ調べ，回路全体では (1) と等しい起電力となることを示せ。

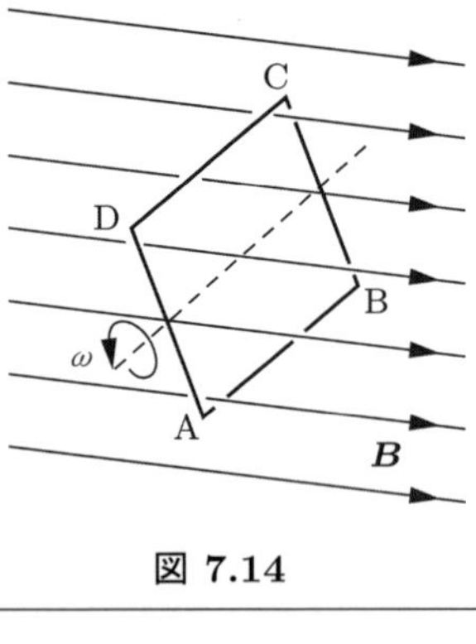

図 7.14

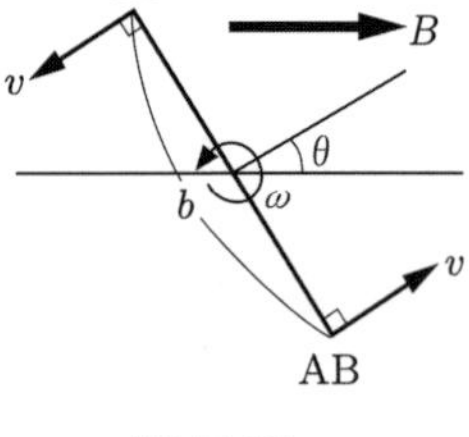

図 7.15

解答　(1) 回路の面の法線が磁束密度 B となす角を θ (**図 7.15**；図 7.14 を回転軸側から見た図）とすると，回路を貫く磁束は

$$\varPhi = BS \cos\theta$$

となる。時刻 $t = 0$ のときの角を θ_0 とすれば，時刻 t では $\theta = \omega t + \theta_0$ と表すことができるので，このときの磁束は

$$\varPhi(t) = BS \cos(\omega t + \theta_0)$$

となるので，回路に生じる誘導起電力は，

$$e = -\frac{\mathrm{d}\Phi(t)}{\mathrm{d}t} = BS\omega\sin(\omega t + \theta_0)$$

となる。これは，周期 $T = 2\pi/\omega$ で正弦波振動する交流起電力である。

(2) 回転軸に平行な 2 辺 AB，CD の長さを a，他の 2 辺 BC，DA の流れを b とする。回路の回転角が $\theta = \omega t + \theta_0$ のとき，辺 AB は磁束密度 B に対し角 θ をなす方向に速さ $v = b\omega/2$ で運動する。よって，辺 AB の導線内の電子（電荷 $-e$）は A → B を正の向きとして，

$$F = -evB\sin\theta = -\frac{1}{2}eBb\omega\sin(\omega t + \theta_0)$$

のローレンツ力を受ける。このことは，すなわち，

$$e_{\mathrm{AB}} = \frac{Fa}{-e} = \frac{1}{2}BS\omega\sin(\omega t + \theta_0)$$

の誘導起電力が A → B の向きに生じていることを意味する（ここで，$S = ab$）。同様に，C → D の向きにも同じ大きさの起電力が生じている。一方，BC 間ならびに DA 間に生じる誘導起電力はともに 0 である。

したがって，回路全体に生じる誘導起電力は

$$e = 2 \times e_{\mathrm{AB}} = BS\omega\sin(\omega t + \theta_0)$$

となり，(1) で求められた誘導起電力と一致する。

【例題 7.3】 断面積 0.25 [m^2] の鉄心に 50 [Hz] の正弦波の磁束が通っているとする。磁束密度の最大値を 3.5 [T] とするとき，この鉄心にコイルを巻いて最大値を 14 [kV] とする交流の起電力を得たい。このとき，必要なコイルの巻き数を求めよ。

解答　鉄心の断面積を S，磁束密度の最大値を ϕ_{m}，求めたいコイルの巻き数を n とする。このとき，誘導起電力 e は，コイルを通過する鎖交磁束を Φ とすると，

$$\begin{aligned} e &= -\frac{\mathrm{d}\Phi}{\mathrm{d}t} = -\frac{\mathrm{d}(n\phi_{\mathrm{m}}S\sin\omega t)}{\mathrm{d}t} \\ &= -\omega n\phi_{\mathrm{m}}S\cos\omega t \\ &= -(2\pi fn\phi_{\mathrm{m}}S)\cos\omega t \\ &= e_{\mathrm{m}}\sin\left(\omega t - \frac{\pi}{2}\right) \end{aligned}$$

と表される。

ここで，$f = 50$ [Hz]，$\phi_{\mathrm{m}} = 3.5$ [T]，$S = 0.25$ [m^2]，$e_{\mathrm{m}} = 14$ [kV] $= 14 \times 10^3$ [V] であるため，これら値を代入してコイルの巻き数 n を

求めると，

$$n = \frac{e_{\mathrm{m}}}{2\pi f \phi_{\mathrm{m}} S} = \frac{14 \times 10^3}{2 \times 3.14 \times 50 \times 3.5 \times 0.25} \approx 51 \ [回]$$

7-3　自己誘導作用と相互誘導作用

これまでは，コイル内の磁束の変化によって起電力が生じる電磁誘導現象を扱ってきた。ここでは，コイルが複数ある場合に，1 つのコイル自身で起こる現象と，2 つのコイル相互間で起こる現象について学ぶ。

図 7.16(a) に示すように，1 つのコイルに電源とスイッチ SW を接続しておく。いま，スイッチを入れてコイルに電流を流せば，右ネジの法則に従った磁束が生じ，この磁束はコイル自身と鎖交する。このとき，回路のスイッチを入れる瞬間で電流が急激に増加し，コイル自身の鎖交磁束も急激に増加する。その結果，レンツの法則に従って，コイルに流れる電流の増加を妨げる（抑える）向きでコイル自身に誘導起電力が生じる。

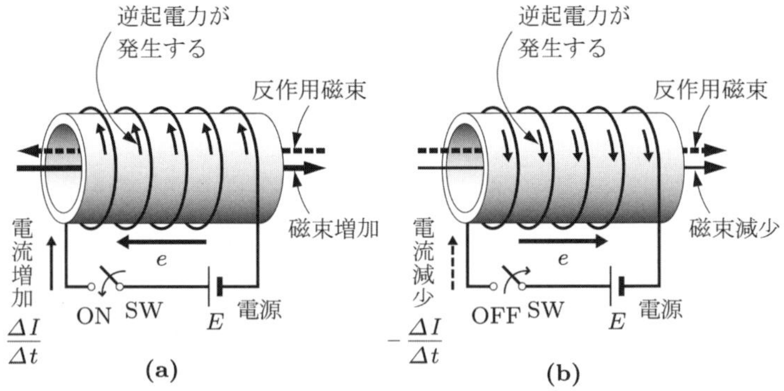

図 7.16　自己誘導作用（電流の変化によるコイル自身の起電力）

また，回路のスイッチを切る瞬間においても同様に，コイル自身に誘導起電力が生じ，その誘導起電力の向きはコイルに流れる電流の減少を妨げる向きとなる（図 7.16(b) 参照）。

このように，コイル自身に流れる電流が増減する形で時間変化するときに，コイル自身に誘導起電力が生じる現象を**自己誘導作用**という。このとき，起電力は電流の増減に対してつねに逆向きに生じるため**逆起電力**ともよばれる。

つぎに，**図 7.17** に示すように，2 つのコイル A および B を近づけておき，コイル A に電流を流すと，この電流によって右ネジの法則に従った磁束が生じ，その一部，もしくはそのすべてがコイル B と鎖交するものとする。

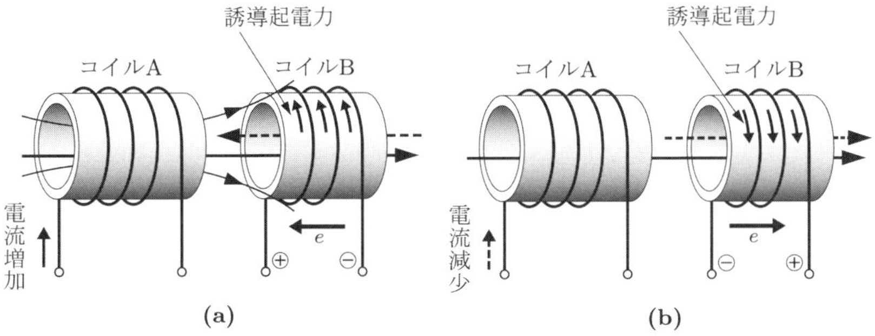

図 7.17　相互誘導作用

（一方のコイルの電流変化によって他方のコイルに生じる起電力）

いま，コイル A（もしくは B）の電流が増加したとすると，この電流の増加とともにコイル B（もしくは A）と鎖交する磁束も増加するため，コイル B（もしくは A）には，この磁束の増加を妨げる向きに誘導起電力が生じる。これとは逆に，コイル A（もしくは B）の電流が減少したときには，コイル B（もしくは A）と鎖交する磁束が減少するため，この磁束の減少を妨げる向きに誘導起電力が生じる。

このように，一方のコイルの電流を（時間的に）変化させたとき，他方のコイルに誘導起電力が生じる現象，すなわちコイル相互間の電磁誘導現象を**相互誘導作用**という。ここで，この相互誘導作用を利用した応用として，**変圧器**（トランス）がある。このトランスは，**図 7.18** に示すように，鉄心にコイル P（一次巻き線）とコイル S（二次巻き線）の 2 つのコイルを巻いた構造となっている。

このとき，**図 7.19** に示すように，トランスのコイル P に電流を流

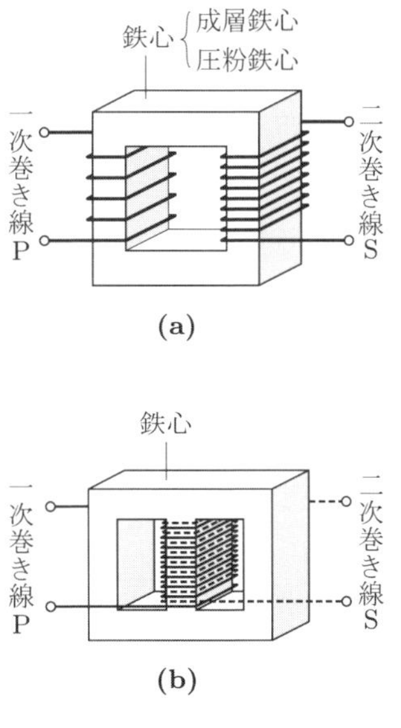

図 7.18　変圧器（トランス）の例

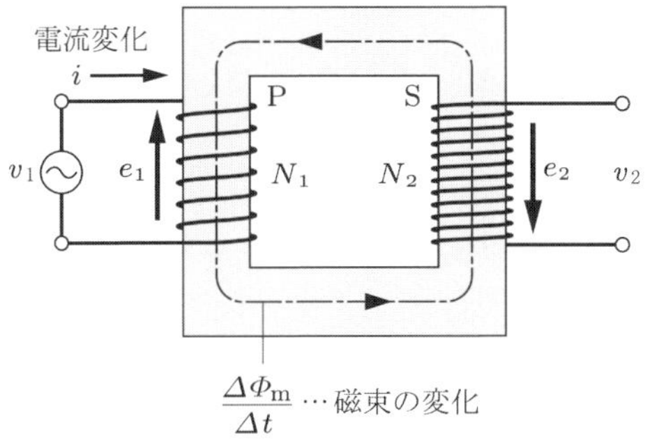

図 7.19　変圧器の原理

したとき，鉄心内に磁束 Φ_m が生じ，すべての磁束がコイルPおよびコイルSと鎖交するとする。いま，Δt 秒間に電流が Δi だけ変化したときに磁束が $\Delta\Phi_m$ だけ変化したとすれば，自己誘導作用によりコイルPに生じる誘導起電力 e_1 および相互誘導作用によりコイルSに生じる誘導起電力 e_2 は，それぞれのコイルの巻き数 N_1，N_2 を用いて，

$$e_1 = -N_1 \frac{\Delta\Phi_m}{\Delta t} \quad [\mathrm{V}]$$

$$e_2 = -N_2 \frac{\Delta\Phi_m}{\Delta t} \quad [\mathrm{V}]$$

となるので，コイルPの誘導起電力 e_1 とコイルSの誘導起電力 e_2 との比を求めると，

$$\frac{e_1}{e_2} = \frac{N_1}{N_2} \tag{7.18}$$

となる。この関係からコイルPとコイルSそれぞれに生じる起電力の比が巻き数の比で表されることがわかる。

つぎに，コイルPに交流電圧 v_1 を印加すると，コイルPに流れる電流は時間変化しながら増減を繰り返し，鉄心内の磁束 Φ_m も時間変化するため，コイルSに誘導起電力である交流電圧 v_2 が生じる。このとき，v_1 および v_2 との関係は，

$$\frac{v_1}{v_2} = \frac{N_1}{N_2} \Longrightarrow v_2 = \frac{N_2}{N_1} v_1 \tag{7.19}$$

となる。

このことから，トランスはコイルPおよびコイルSの巻き数比を適切に設定することによって，巻き数比で決定される任意の交流電圧に変換することができる。一般に交流が多く利用されているのは，このトランスを利用して自由に電圧を変換できることが，その理由の1つである。また，このトランスには，電圧の変換だけでなく，インピーダンスの変換や直流絶縁など使用用途によってさまざまな種類がある。

7-4　インダクタンス

コイルに電流を流すとコイルを貫くように磁束を生じるが，この磁束と電流との間の関係を結ぶのがインダクタンスである。ここでは，はじめにインダクタンスの定義を示し，そのうえで自己インダクタンスおよび相互インダクタンス，そしてこれらインダクタンス間の関係を説明する。

7-4-1　自己インダクタンス

一般に，コイルに電流を流すとコイル自身を貫くように磁束が生じる自己誘導作用が起こる。このとき，コイルに流した電流 I [A] と，それによって生じる鎖交する磁束 ϕ [Wb] は比例関係にあり，その比例定数を**自己インダクタンス** L として定義すると，

$$\phi = LI \quad [\mathrm{Wb}] \tag{7.20}$$

となる。上式から自己インダクタンスの単位を求めると [Wb/A] となり，これを [H]（ヘンリー）として表す。

図 7.20 において，自己インダクタンスが L [H] であるコイルにおいて，時間変化する電流 I [A] が流れるとき，式 (7.3) で示されるファラデーの電磁誘導の法則によって，以下の誘導起電力 e [V] が生じる。

$$e = -\frac{\mathrm{d}\phi}{\mathrm{d}t} = -L\frac{\mathrm{d}I}{\mathrm{d}t} \quad [\mathrm{V}] \tag{7.21}$$

このとき，コイルに流れる電流の毎秒 1 [A] の割合での変化に対してコイルに 1 [V] の起電力が生じるとき，自己インダクタンスが 1 [H] であると定義される。

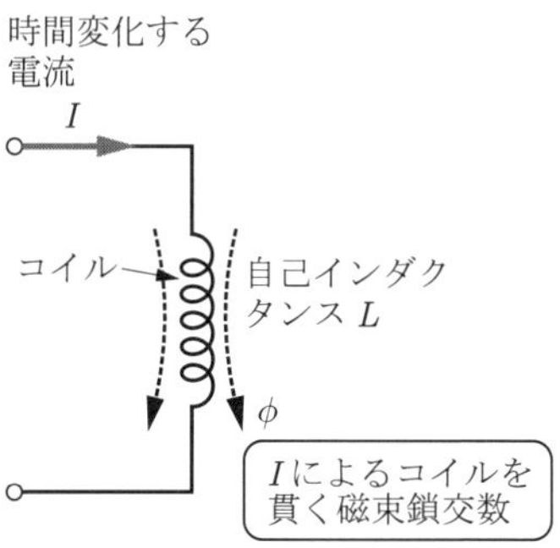

図 7.20　自己インダクタンス

7-4-2　相互インダクタンス

図 7.21 に示すように，電流 I_1 および I_2 がそれぞれ流れているコイル 1 およびコイル 2 を考える。電流 I_1 によって生じる磁束のうち，図 7.21(a) に示すコイル 2 と鎖交する磁束 ϕ_{21} は，

$$\phi_{21} = M_{21}I_1 \quad [\mathrm{Wb}] \tag{7.22}$$

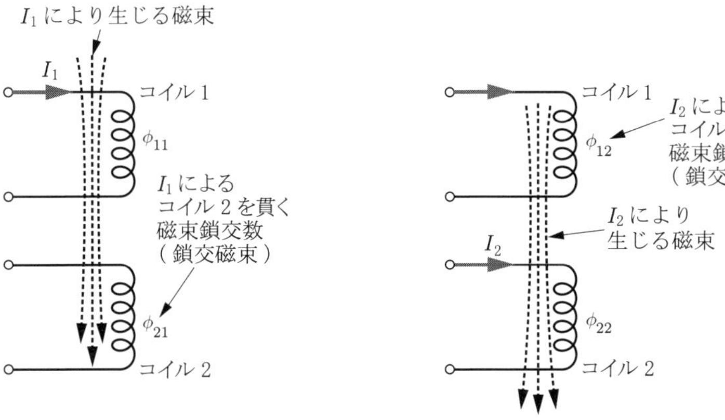

(a) 電流 I_1 のつくる磁束　　**(b)** 電流 I_2 のつくる磁束

図 7.21　相互インダクタンス

と表される。同様に，図 7.21(b) に示すように，電流 I_2 によって生じる磁束のうち，コイル 1 と鎖交する磁束 ϕ_{12} は，以下のようになる。

$$\phi_{12} = M_{12} I_2 \quad [\mathrm{Wb}] \tag{7.23}$$

ここで，この比例定数 M_{12} および M_{21} を**相互インダクタンス**とよび，その相反性によって，

$$M_{12} = M_{21} = M \quad [\mathrm{H}] \tag{7.24}$$

の関係が成り立つ。

このとき，電流 I_1 および I_2 が時間変化すると，鎖交する磁束 ϕ_{21} および ϕ_{12} も時間変化する。そのため，ファラデーの電磁誘導の法則（式 (7.3)）に従う誘導起電力 e_{21} および e_{12} が，以下の式に示す形でコイル 2 およびコイル 1 にそれぞれ生じる。

$$\begin{cases} e_{21} = -\dfrac{\mathrm{d}\phi_{21}}{\mathrm{d}t} = -M_{21}\dfrac{\mathrm{d}I_1}{\mathrm{d}t} \quad [\mathrm{V}] \\ e_{12} = -\dfrac{\mathrm{d}\phi_{12}}{\mathrm{d}t} = -M_{12}\dfrac{\mathrm{d}I_2}{\mathrm{d}t} \quad [\mathrm{V}] \end{cases} \tag{7.25}$$

つぎに，相互インダクタンスと自己インダクタンスの関係を求める。

図 7.21(a) において，コイル 1 に電流 I_1 が流れたとき，コイル 1（巻き数 N_1）に生じる磁束 $\Phi_{11} = \phi_{11}/N_1$ は，コイル 2（巻き数 N_2）に生じる磁束 $\Phi_{21} = \phi_{21}/N_2$ より大きくなる。これは，Φ_{11} の一部がコイル 2 から漏れるためである。図 7.21(b) においても同様のことがいえ，$\phi_{11} = L_1 I_1$，$\phi_{21} = M_{21} I_1$，$\phi_{22} = L_2 I_2$，$\phi_{12} = M_{12} I_2$ と表されるので，つぎの関係式が成り立つ。

$$\begin{aligned} \Phi_{11}\Phi_{22} &= \phi_{11}\phi_{22}/(N_1 N_2) \geqq \Phi_{21}\Phi_{12} \\ &= \phi_{21}\phi_{12}/(N_2 N_1) \;\Rightarrow\; L_1 L_2 \geqq M_{21} M_{12} \end{aligned} \tag{7.26}$$

したがって，相互インダクタンスと自己インダクタンスとの間には，式 (7.24) を用いてつぎの関係式が成り立つ。

$$M^2 = k^2 L_1 L_2 \tag{7.27}$$

ここで，$M = M_{21} = M_{12}$ とした。このとき，係数 k は**結合係数**とよばれ，2 つのコイルが磁気的にどの程度結合しているかを表す量（$0 \leqq k \leqq 1$）である。このとき，$k = 0$ はコイルが隔絶していて相互誘導が起こらない場合を，$k = 1$ は一方のコイルを貫く磁束が他方のコイルを完全に貫く場合をそれぞれ表す。$k = 1$ に近づけるために，

円環状鉄心にコイルを巻いたり，交互に重ね巻きするなどの工夫がなされる。

【例題 7.4】 単位長さ当たりの巻き数 n，長さ l，断面積 S の無限長ソレノイドの自己インダクタンスが

$$L = \mu_0 n^2 l S$$

と与えられることを示せ。また，長さ 300 [m] の導線を均一に巻いてつくられた長さ 20 [cm]，半径 5 [cm] のソレノイドの自己インダクタンスを求めよ。

解答 無限長ソレノイドに電流 I が流れるとき，磁束はソレノイドの内部だけに一様に生じ，その磁束密度 B は，$B = \mu_0 n I$ である。このとき，ソレノイドを貫く磁束は，ひと巻き当たり BS であり，全体では

$$\phi = nl \cdot BS = \mu_0 n^2 l S I$$

である。式 (7.20) から，自己インダクタンスは

$$L = \mu_0 n^2 l S$$

つぎに，ソレノイドの巻き数 n を求めると，

$$n = \frac{300\ [\mathrm{m}]}{2\pi \times 0.05\ [\mathrm{m}] \times 0.2\ [\mathrm{m}]} \approx 4777\ [1/\mathrm{m}]$$

であるので，求める自己インダクタンス L は，$l = 0.2$ [m]，$S = \pi \times 0.05^2$ [m^2] を用いて，

$$L = \mu_0 n^2 l S = 4\pi \times 10^{-7} \times 4777^2 \times 0.2 \times \left(\pi \times 0.05^2\right) \approx 0.045\ [\mathrm{H}]$$

【例題 7.5】 **図 7.22** に示すように，透磁率 μ，断面積 S，円周の長さ l の環状鉄心に，コイル 1（巻き数 N_1）とコイル 2（巻き数 N_2）の 2 つのコイルが巻かれている。コイル 1 側には交流電圧が印加さ

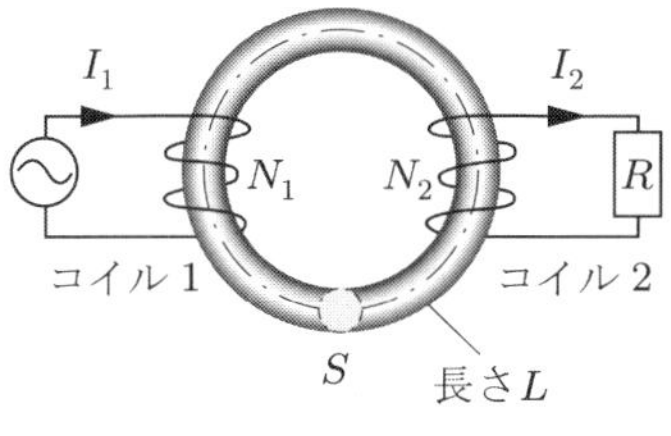

図 7.22

れており，コイル2側には抵抗 R が接続されている。このとき，各コイルの自己インダクタンス L_1，L_2 と相互インダクタンス M を求めよ。ここで，鉄心中の磁界は一様で，かつ外部に漏れないとする。

解答　コイル1だけに電流 I_1 が流れるとき，コイル中の磁界は,

$$\int_{\mathrm{C}} \boldsymbol{H} \cdot \mathrm{d}\boldsymbol{s} = \frac{B}{\mu} l = N_1 I_1$$

よって，コイル1と2を貫く鎖交磁束 $\varPhi_1$ と $\varPhi_2$ は，それぞれ

$$\varPhi_1 = N_1 BS = \frac{\mu N_1^2 S}{l} I_1 \equiv L_1 I_1$$

$$\varPhi_2 = N_2 BS = \frac{\mu N_1 N_2 S}{l} I_1 \equiv M I_1$$

となるので，求める L_1 および M は,

$$L_1 = \frac{\mu N_1^2 S}{l}\,, \qquad M = \frac{\mu N_1 N_2 S}{l}$$

上記と同様に，コイル2だけに電流 I_2 が流れる場合を考えて,

$$L_2 = \frac{\mu N_2^2 S}{l}$$

演習問題 7

7.1 **図 7.23** のように，真空中の一様な磁界 H の中にある，2 辺 a，b，巻き数 N の長方形コイルを，磁界に垂直な軸のまわりに角速度 ω で回転させるとき，コイルに生じる誘導起電力 e を求めよ。

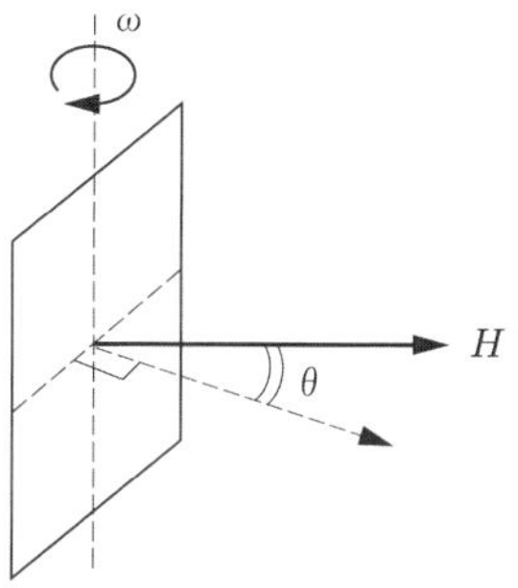

図 7.23

7.2 磁束 B の一様な磁界中で，半径 a の導体円板が，磁界と平行な中心軸のまわりに角速度 ω で回転するとき，板の中心軸と周辺との間に生じる起電力を求めよ。また，その間の回路として抵抗 R を入れるとき回路に流れる電流を求めよ。

7.3 **図 7.24** のように，1 つのコイル L のそばに永久磁石 N,S があり，コイル L の鎖交している磁束を ϕ_0[Wb] とする。いま，磁石を十分遠方に遠ざけるときに，抵抗 R の中を通過する全電荷量 Q を求めよ。

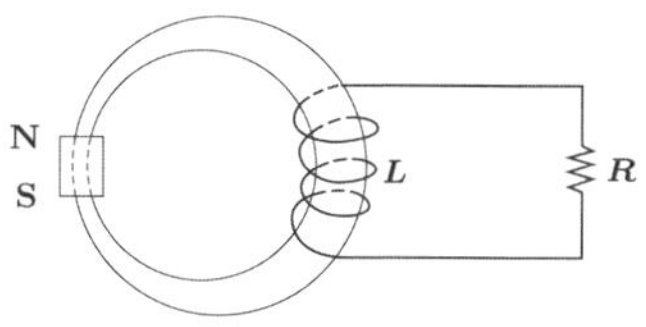

図 7.24

7.4 自己インダクタンス L_1，L_2 の 2 つのコイルが置かれているとき，その相互インダクタンス M は，

$$M^2 = k^2 L_1 L_2 \qquad (0 \leqq k \leqq 1)$$

を満足することを示せ。

7.5 **図 7.25** のように，それぞれ単位長さ当たりの巻き数 N_1，N_2，長さ l_1，l_2，断面積 S_1，S_2（$S_1 < S_2$）の 2 つのソレノイドコイル 1，2 が重ねられている。

(1) $l_1 \gg l_2$ として，コイル 1，2 の相互インダクタンスをそれぞれ求めよ。

(2) コイル 1 の両端間に時間変化する電位差 $\phi_1(t)$ を印加したとき，コイル 2 に生じる誘導起電力を求めよ。ただし，コイルの抵抗は無視してよいとする。

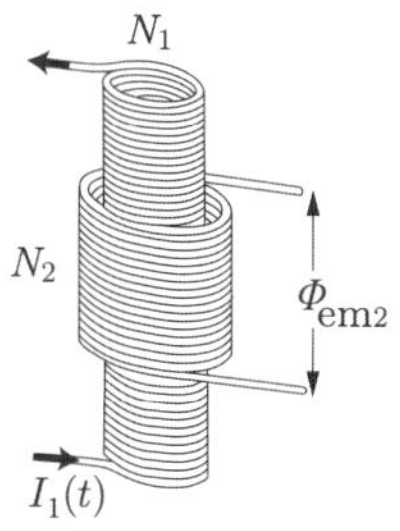

図 7.25

7.6 自己インダクタンスがそれぞれ L_1，L_2，相互インダクタンスが M の 2 つのコイル 1，2 がある。それぞれのコイルに電流 I_1，I_2 が流れるとき，磁界のエネルギーは，

$$U = \frac{1}{2} L_1 I_1^2 + M I_1 I_2 + \frac{1}{2} L_2 I_2^2$$

と表されることを示せ。ただし，コイルの抵抗は無視できるとする。

第8章　電磁波

本章では，はじめにコンデンサに交流電流が流れる現象を例にとり，変位電流の概念を説明する。その上で，これまでに学んだ電磁気学の諸法則からマクスウェル方程式を導く。

さらに，この方程式を解くことで空間を光速で伝搬する電磁波（平面波）の存在を確かめる。その後，この電磁波のもつ性質について説明する。

(提供：国立天文台)

8-1　変位電流

図 8.1 に示すように，交流電圧をコンデンサに印加した場合を考えてみよう。図 8.1(a) において，上の電極が「＋」，下の電極が「－」のときは，電荷が電源から移動し，図に示す方向でコンデンサに充電電流が流れる。それとは逆に，下の電極が「＋」，上の電極が「－」のときは，最初に充電された電荷が逆向きに移動（放電）するため，充電電流も逆方向に流れる。このように，コンデンサに交流電圧を印加すると，充電と放電の繰り返しに伴う電界の変化による連続的な電流が電極間に流れる。このとき，電極間は真空であっても誘電体が挿入されていてもよい。

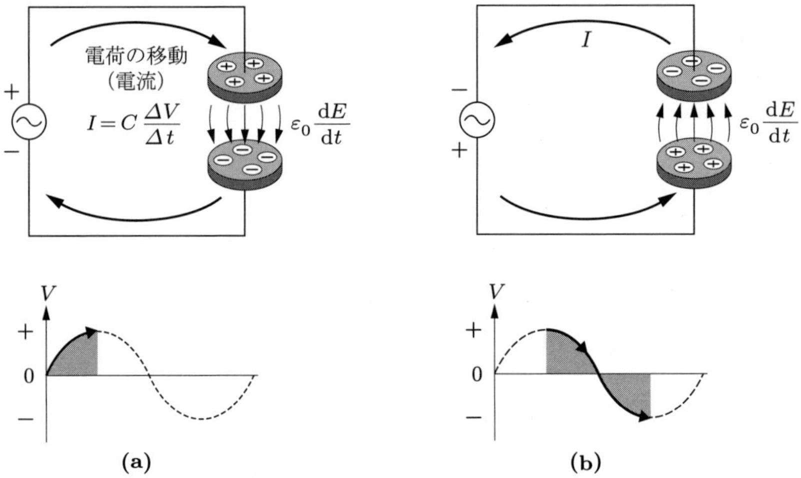

図 8.1　コンデンサの充放電電流

ここで，電荷の移動，すなわち電荷量の時間変化の割合が電流 I を表すので，

$$I = \frac{\Delta Q}{\Delta t} \tag{8.1}$$

であり，電荷 $Q = CV$ の関係から，$\Delta Q = C\Delta V$ とすると，

$$I = C\frac{\Delta V}{\Delta t} \tag{8.2}$$

となる。すなわち，印加電圧の時間変化（$\Delta V/\Delta t$）が大きいほど流れる電流が大きいことになる。このとき，**図 8.2** に示すように，コンデンサと電源の接続線には電荷が移動し，電流 I が流れ，その周りにはこの電流による磁界が生じる。つまりアンペールの法則が成り立つ。

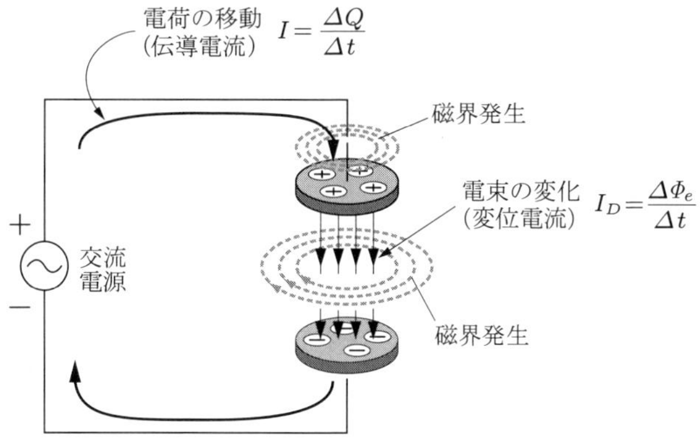

図 8.2 変位電流と伝導電流

ところが，コンデンサの電極間の空隙（ギャップ）の部分は絶縁されているため電荷の移動はなく，電荷は電極を充電して留まるので電流は存在しないと考えられる。しかし，このギャップ間には電流が流れていないにもかかわらず，その周りには磁界が存在し，ここでもアンペールの法則が成り立っている。これは，電極間には電荷の移動による電流は存在しないが，その代わりに電極に存在する電荷による電束が発生しているからである。

ここで，電荷 Q と電束 Φ_e の間には，

$$\Phi_e = Q \tag{8.3}$$

の関係があるから，

$$I = \frac{\Delta Q}{\Delta t} = \frac{\Delta \Phi_e}{\Delta t} = I_{\mathrm{D}} \tag{8.4}$$

とすることができる。

すなわち，電流を広義の意味で定義すると，電流には，導体中の荷電粒子が動くことによって流れる**伝導電流**と，電束（もしくは電界）の時間変化によって流れる**変位電流**（または**電束電流**）の 2 種類があり，これらの電流が磁性の根源となり得る（**図 8.3**(a) 参照）。

$$I = \frac{\Delta Q}{\Delta t} \quad \Rightarrow \quad I = \frac{\mathrm{d}Q}{\mathrm{d}t} \tag{8.5}$$

$$I_{\mathrm{D}} = \frac{\Delta \Phi_e}{\Delta t} \quad \Rightarrow \quad I_{\mathrm{D}} = \frac{\mathrm{d}\Phi_e}{\mathrm{d}t} \tag{8.6}$$

その結果，これら 2 種類の電流を定義することによって，図 8.3(b) に示すように，ある瞬時 t において閉回路のいたる箇所で伝導電流と変位電流の和が回路を流れる電流に等しい（$I + I_{\mathrm{D}} = I'$（一定)）という**電流の連続性**が成り立つ。

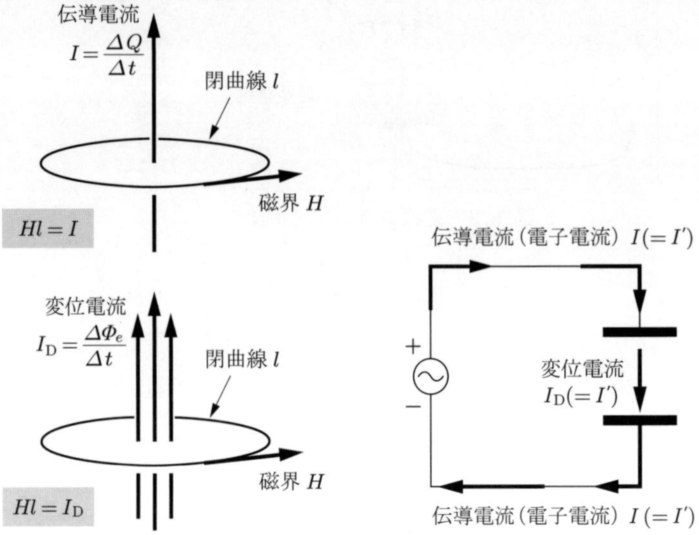

(a) 伝導電流と変位電流による磁気作用　　**(b)** 伝導電流と変位電流の総和はどの箇所でも I' で連続である

図 8.3　回路を流れる電流の連続性

【例題 8.1】　**図 8.4** に示すように，コンデンサに電圧 $v(t) = V_0 \cos \omega t$ が印加されたとき，コンデンサの極板間に生じる変位電流密度を求めよ。ここで，極板の面積を S とし，極板間で均一な電界が発生するとする。

つぎに，電源が 100 [V]（実効値），周波数 50 [Hz] で，コンデンサの容量 $C = 0.34$ [μF]，極板の面積 $S = 1$ [cm^2] のとき，変位電流密度と電束密度の最大値をそれぞれ求めよ。

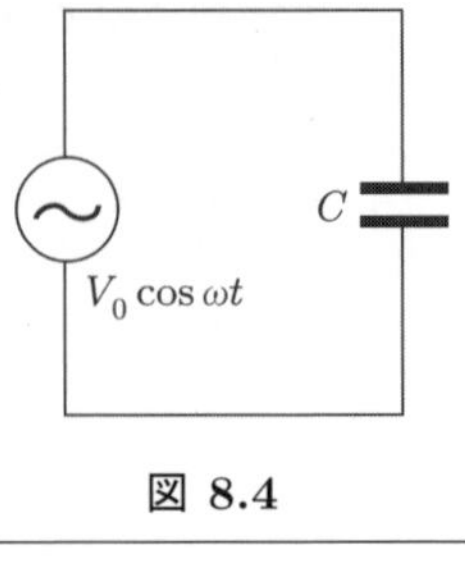

図 8.4

解答　コンデンサに蓄積される電荷量 $q(t)$ は，$q(t) = CV_0 \cos \omega t$ である。このとき，**図 8.5** の点線で示される極板を囲む領域に対してガウスの法則を適用すると，この領域の下面と側面では電束密度の法線方向成分である D_n が 0 であるため，

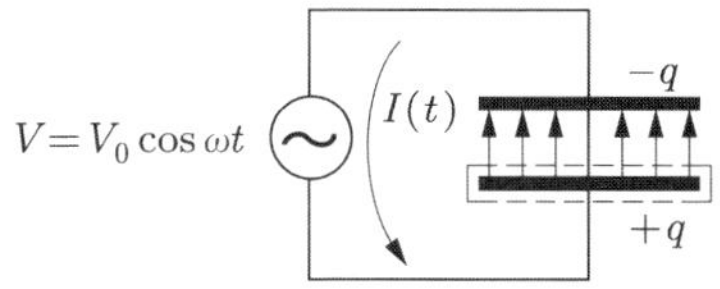

図 8.5

$$\int D_n \mathrm{d}S = DS = q$$

である。したがって，

$$D(t) = \frac{q(t)}{S} = \frac{CV_0}{S} \cos \omega t$$

よって，変位電流密度は，

$$\frac{\mathrm{d}D}{\mathrm{d}t} = -\frac{\omega CV_0}{S} \sin \omega t = \frac{\omega CV_0}{S} \cos\left(\omega t + \frac{\pi}{2}\right) \quad \left[\frac{\mathrm{A}}{\mathrm{m}^2}\right]$$

である。これは，当然のことながら，回路を流れる電流を密度に直したものである $I(t)/S$ に等しい。

つぎに，変位電流密度と電束密度の最大値は，与えられた数値を代入して，それぞれ以下のようになる。

$$\frac{\omega CV_0}{S} = \frac{2\pi \times 50 \times 0.34 \times 10^{-6} \times 100\sqrt{2}}{10^{-4}} = 1.51 \times 10^2 \quad \left[\frac{\mathrm{A}}{\mathrm{m}^2}\right]$$

$$\frac{CV_0}{S} = \frac{0.34 \times 10^{-6} \times 100\sqrt{2}}{10^{-4}} = 4.81 \times 10^{-1} \quad \left[\frac{\mathrm{C}}{\mathrm{m}^2}\right]$$

8-2　マクスウェル方程式

8-2-1　積分形式のマクスウェル方程式

これまでに学んだ電磁気学の法則を以下にまとめる。ただし，$\boldsymbol{D} = \varepsilon \boldsymbol{E}$，$\boldsymbol{B} = \mu \boldsymbol{H}$ を用いて，誘電率 ε と透磁率 μ が陽に現れない形式で書くことにしよう。

その結果，以下に示す積分形式の 4 つの方程式（(a)〜(d)，マクスウェル方程式）および 1 つの補助方程式（(e)，電荷保存の法則）を用いて，誘電体や磁性体を含む場を表現することができる。

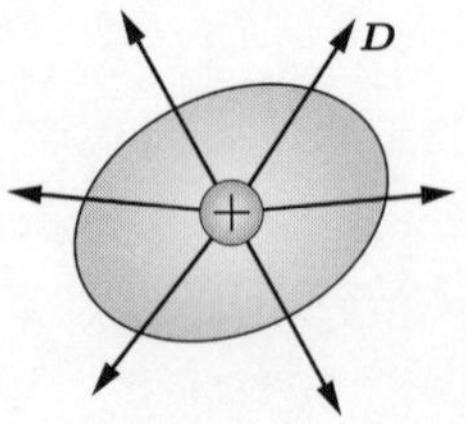

(a)

(a) 電束密度に関するガウスの法則

$$\int_S \boldsymbol{D} \cdot \boldsymbol{n}\, \mathrm{d}S = \int_V \rho\, \mathrm{d}V \tag{8.7}$$

閉曲面を通過する電束の総量は，曲面内部の電荷量に等しい。

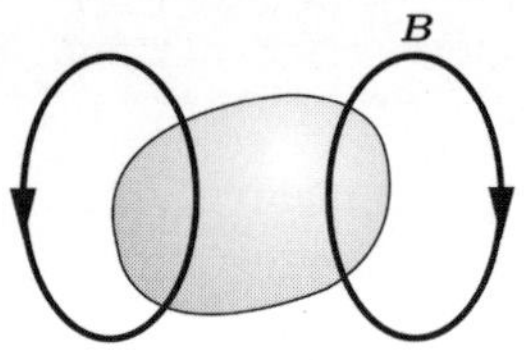

(b)

(b) 磁界（磁束密度）に関するガウスの法則

$$\int_S \boldsymbol{B} \cdot \boldsymbol{n}\, \mathrm{d}S = 0 \tag{8.8}$$

閉曲面を通過する磁束の総量はゼロである。

（磁気単極子（単一磁荷）は存在しない）

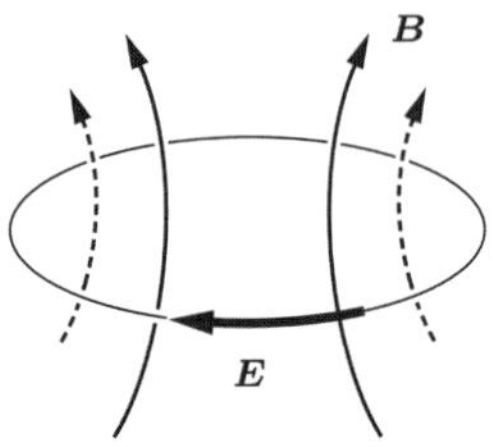

(c)

(c) ファラデーの法則

$$\int_C \boldsymbol{E} \cdot \mathrm{d}\boldsymbol{s} = -\int_S \frac{\partial \boldsymbol{B}}{\partial t} \cdot \boldsymbol{n}\, \mathrm{d}S \tag{8.9}$$

磁界の時間的変化により電界（起電力）が生じる。

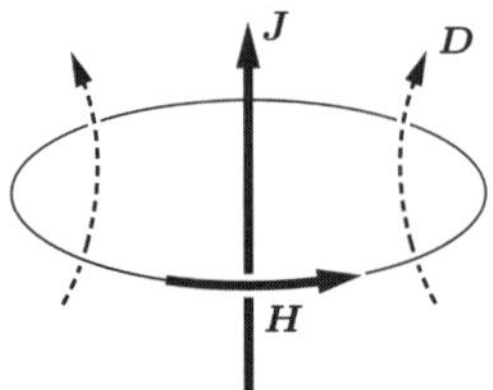

(d)

(d) アンペール・マクスウェルの法則

$$\int_C \boldsymbol{H} \cdot \mathrm{d}\boldsymbol{s} = \int_S \left(\boldsymbol{J} + \frac{\partial \boldsymbol{D}}{\partial t} \right) \cdot \boldsymbol{n}\, \mathrm{d}S \tag{8.10}$$

伝導電流と変位電流（電束密度の時間的変化）からなる電流の作用により磁界が生じる。

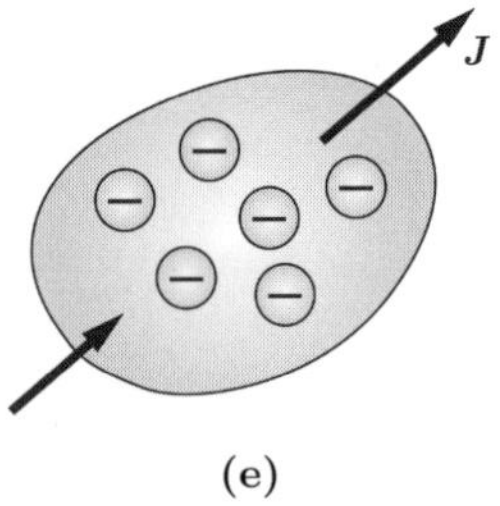

(e)

(e) 電荷保存の法則（電流と電荷の連続方程式）

$$\int_S \boldsymbol{J} \cdot \boldsymbol{n}\, \mathrm{d}S = -\frac{\mathrm{d}}{\mathrm{d}t} \int_V \rho\, \mathrm{d}V \tag{8.11}$$

閉曲面を通過する電流の総量は，曲面内部の電荷量の時間的変化の割合に等しい。

これら 5 つの方程式には，電界 $\boldsymbol{E}$，電束密度 $\boldsymbol{D}$，磁束密度 $\boldsymbol{B}$，磁界の強さ $\boldsymbol{H}$，電流密度 $\boldsymbol{J}$ の 5 つのベクトル量と，体積電荷密度 ρ の 1 つのスカラー量が含まれている。これらの物理量は，物質の性質と結びついた以下の補助的な式で関係づけられている。

$$\boldsymbol{D} = \varepsilon \boldsymbol{E}, \qquad \boldsymbol{B} = \mu \boldsymbol{H} \tag{8.12}$$

8-2-2　微分形式のマクスウェル方程式

積分形式のマクスウェル方程式は，ある領域にわたって積分した物理量の間の関係を表している。しかし，空間の各点（位置）における物理量関係で表現したほうが見通しがよい場合もある。このような表現を**微分形式の表現**とよぶ。ガウスの定理とストークスの定理を用いて，式 (8.7)〜式 (8.11) を同じ次元の領域における積分に書き換えると，以下のようになる。

$$\int_{\mathrm{V}} (\boldsymbol{\nabla} \cdot \boldsymbol{D})\ \mathrm{d}V = \int_{\mathrm{V}} \rho\ \mathrm{d}V \tag{8.13}$$

$$\int_{\mathrm{V}} (\boldsymbol{\nabla} \cdot \boldsymbol{B})\,\mathrm{d}V = 0 \tag{8.14}$$

$$\int_{\mathrm{S}} (\boldsymbol{\nabla} \times \boldsymbol{E}) \cdot \boldsymbol{n}\ \mathrm{d}S = -\int_{\mathrm{S}} \frac{\partial \boldsymbol{B}}{\partial t} \cdot \boldsymbol{n}\ \mathrm{d}S \tag{8.15}$$

$$\int_{\mathrm{S}} (\boldsymbol{\nabla} \times \boldsymbol{H}) \cdot \boldsymbol{n}\ \mathrm{d}S = \int_{\mathrm{S}} \left(\boldsymbol{J} + \frac{\partial \boldsymbol{D}}{\partial t} \right) \cdot \boldsymbol{n}\ \mathrm{d}S \tag{8.16}$$

$$\int_{\mathrm{V}} (\boldsymbol{\nabla} \cdot \boldsymbol{J})\,\mathrm{d}V = -\int_{\mathrm{V}} \frac{\partial \rho}{\partial t}\ \mathrm{d}V \tag{8.17}$$

以上の関係式から，微分型の 4 つの方程式（下記 (a)〜(d)，マクスウェル方程式）および 1 つの補助方程式（下記 (e)，電荷保存の法則）で表現することができる。これらが，力学におけるニュートンの運動方程式に対応する電磁気学の基本方程式である。

ガウスの定理は，あるベクトル量の閉曲線 C に囲まれた閉曲面 S での面積分から，閉曲面 S 内部の領域 V での体積分へ変換する定理である。ここで，電束密度ベクトル $\boldsymbol{D}$ を例にとってガウスの定理を適用すると以下のように変換される。

$$\int_{\mathrm{S}} \boldsymbol{D} \cdot \boldsymbol{n}\ \mathrm{d}S = \int_{\mathrm{V}} (\boldsymbol{\nabla} \cdot \boldsymbol{D}) \cdot \mathrm{d}V$$

(a) 電束密度に関するガウスの法則

$$\boldsymbol{\nabla} \cdot \boldsymbol{D} = \rho \tag{8.18}$$

(b) 磁界（磁束密度）に関するガウスの法則

$$\boldsymbol{\nabla} \cdot \boldsymbol{B} = 0 \tag{8.19}$$

(c) ファラデーの法則

$$\boldsymbol{\nabla} \times \boldsymbol{E} = -\frac{\partial \boldsymbol{B}}{\partial t} \tag{8.20}$$

(d) アンペール・マクスウェルの法則

$$\boldsymbol{\nabla} \times \boldsymbol{H} = \boldsymbol{J} + \frac{\partial \boldsymbol{D}}{\partial t} \tag{8.21}$$

(e) 電荷保存の法則（電流と電荷の連続方程式）

$$\boldsymbol{\nabla} \cdot \boldsymbol{J} = -\frac{\partial \rho}{\partial t} \tag{8.22}$$

8-2-3 電磁ポテンシャル

電界 $\boldsymbol{E}$ と磁束密度 $\boldsymbol{B}$ は，スカラーポテンシャル ϕ とベクトルポテンシャル $\boldsymbol{A}$ を用いて以下のように書き表すことができる。

$$\boldsymbol{E} = -\boldsymbol{\nabla}\phi \tag{8.23}$$

$$\boldsymbol{B} = \boldsymbol{\nabla} \times \boldsymbol{A} \tag{8.24}$$

ところが，ベクトル演算の恒等式を適用すると，$\boldsymbol{\nabla} \times \boldsymbol{E} = \boldsymbol{\nabla} \times (-\boldsymbol{\nabla}\phi) = 0$ となり，ファラデーの法則を表す式 (8.20) を得ることができない。そこで，時間的に変化する場を含む場合には，以下の式に示す修正が必要となる。

$$\boldsymbol{E} = -\boldsymbol{\nabla}\phi - \frac{\partial \boldsymbol{A}}{\partial t} \tag{8.25}$$

$$\boldsymbol{B} = \boldsymbol{\nabla} \times \boldsymbol{A} \tag{8.26}$$

以上の修正により，マクスウェル方程式を満足することができる。この関係式から，電界と磁界とがベクトルポテンシャルを通じて関係しあっていることがわかる。

ここで，式 (8.25) と式 (8.26) のポテンシャルに対して，以下の式の条件を与えるとすると，ある特定の ϕ と $\boldsymbol{A}$ の組を決定することができる。

$$\boldsymbol{\nabla} \cdot \boldsymbol{A} + \varepsilon_0 \mu_0 \frac{\partial \phi}{\partial t} = 0 \tag{8.27}$$

この条件を**ローレンツの条件**とよび，この条件を満足している ϕ と $\boldsymbol{A}$ のことを，**ローレンツゲージにおける電磁ポテンシャル**という。ローレンツゲージのとき，ポテンシャルに関する真空中でのマクスウェル方程式は，以下のようになる。

$$-\nabla^2 \phi + \varepsilon_0 \mu_0 \frac{\partial^2 \phi}{\partial t^2} = \frac{\rho}{\epsilon_0} \tag{8.28}$$

$$-\nabla^2 \boldsymbol{A} + \varepsilon_0 \mu_0 \frac{\partial^2 \boldsymbol{A}}{\partial t^2} = \mu_0 \boldsymbol{J} \tag{8.29}$$

一方，ベクトルポテンシャルに発散のない条件（$\boldsymbol{\nabla} \cdot \boldsymbol{A} = 0$）を満足するゲージのとり方もあり，これを**クーロンゲージ**という。

クーロンゲージの場合，上述の式 (8.28) と式 (8.29) は，それぞれ以下の式で与えられる。

$$-\nabla^2 \phi = \frac{\rho}{\varepsilon_0} \tag{8.30}$$

$$-\boldsymbol{\nabla}\left(\varepsilon_0 \mu_0 \frac{\partial \phi}{\partial t}\right) - \varepsilon_0 \mu_0 \frac{\partial^2 \boldsymbol{A}}{\partial t^2} + \nabla^2 \boldsymbol{A} = -\mu_0 \boldsymbol{J} \tag{8.31}$$

ここで，とくに式 (8.30) は静電界におけるポアソン方程式を表していることに注意が必要である。

8-3　電磁波

8-3-1　波動方程式

マクスウェル方程式によると，ファラデーの法則により変動する磁界から電界が生じ，アンペール・マクスウェルの法則により変動する電界から磁界が生じる。したがって，電荷も電流もない場においても，電界と磁界が関連しながら空間を伝搬していくことが予想される。ここで，もう一度，真空での電界と磁界に関する方程式を考えてみよう。

電荷密度 $\rho = 0$，伝導電流密度 $\boldsymbol{J} = 0$ における微分形式のマクスウェル方程式は，以下のようになる。

$$\boldsymbol{\nabla} \cdot \boldsymbol{E} = 0 \quad (\because \boldsymbol{D} = \varepsilon_0 \boldsymbol{E}) \tag{8.32}$$

$$\boldsymbol{\nabla} \cdot \boldsymbol{B} = 0 \tag{8.33}$$

$$\boldsymbol{\nabla} \times \boldsymbol{E} = -\frac{\partial \boldsymbol{B}}{\partial t} \tag{8.34}$$

$$\boldsymbol{\nabla} \times \boldsymbol{B} = \varepsilon_0 \mu_0 \frac{\partial \boldsymbol{E}}{\partial t} \quad (\because \boldsymbol{B} = \mu_0 \boldsymbol{H}) \tag{8.35}$$

このとき，式 (8.34) の両辺に対し回転（rot）をとると，

$$\boldsymbol{\nabla} \times (\boldsymbol{\nabla} \times \boldsymbol{E}) = \boldsymbol{\nabla} \times \left(-\frac{\partial \boldsymbol{B}}{\partial t}\right) = -\frac{\partial\,(\boldsymbol{\nabla} \times \boldsymbol{B})}{\partial t} \tag{8.36}$$

となるので，ベクトル解析の恒等式である

$$\boldsymbol{\nabla} \times (\boldsymbol{\nabla} \times \boldsymbol{E}) = \boldsymbol{\nabla}\,(\boldsymbol{\nabla} \cdot \boldsymbol{E}) - \nabla^2 \boldsymbol{E} \tag{8.37}$$

および式 (8.32) を用いると，

$$\nabla^2 \boldsymbol{E} = \varepsilon_0 \mu_0 \frac{\partial^2 \boldsymbol{E}}{\partial t^2} \tag{8.38}$$

となる。同様にして，$\boldsymbol{B}$ に関しても

$$\nabla^2 \boldsymbol{B} = \varepsilon_0 \mu_0 \frac{\partial^2 \boldsymbol{B}}{\partial t^2} \tag{8.39}$$

が得られる。これら 2 式は，

$$c = \frac{1}{\sqrt{\varepsilon_0 \mu_0}} \tag{8.40}$$

の速さで伝搬する**波動方程式**の形をしている。このとき，ε_0 および μ_0 の値を代入すると $c = 2.99792 \times 10^8$[m/s] が得られ，この速さは真空

中の光速と等しい。したがって，電界 $\boldsymbol{E}$ および磁界 $\boldsymbol{B}$ に関する波動方程式は，

$$\nabla^2 \boldsymbol{E} = \frac{1}{c^2}\frac{\partial^2 \boldsymbol{E}}{\partial t^2}, \quad \nabla^2 \boldsymbol{B} = \frac{1}{c^2}\frac{\partial^2 \boldsymbol{B}}{\partial t^2} \tag{8.41}$$

となり，電界 $\boldsymbol{E}$ と磁界 $\boldsymbol{B}$ は真空中を光速で伝搬する電磁波であることがわかる。

8-3-2　平面波

つぎに，波動方程式式 (8.41) の解を考えてみよう。電磁波の発生源から十分に遠方では，電磁波は進行方向に垂直な平面内で位相と振動の方向が一定と考えてよい。このような電磁波を**平面波**とよぶ。単位ベクトル $\boldsymbol{n}$ の方向に速さ c で平面波として伝搬する電界と磁界を，

$$\boldsymbol{E} = \boldsymbol{E}_0\, f(\boldsymbol{n}\cdot\boldsymbol{r} - ct), \quad \boldsymbol{B} = \boldsymbol{B}_0\, g(\boldsymbol{n}\cdot\boldsymbol{r} - ct) \tag{8.42}$$

とおく。ここで，$\boldsymbol{r}$ は位置ベクトルを表す。

これら $\boldsymbol{E}$ および $\boldsymbol{B}$ の式を波動方程式 (8.41) にそれぞれ代入すると，

$$\nabla^2 \boldsymbol{E} - \frac{1}{c^2}\frac{\partial^2 \boldsymbol{E}}{\partial t^2} = \boldsymbol{E} - \boldsymbol{E} = 0$$
$$\nabla^2 \boldsymbol{B} - \frac{1}{c^2}\frac{\partial^2 \boldsymbol{B}}{\partial t^2} = \boldsymbol{B} - \boldsymbol{B} = 0$$

をそれぞれ満足することから，式 (8.42) は波動方程式 (8.41) の解であることがわかる †。

簡単のために，空間 1 次元（x）で考えると，$f(x - ct)$ は $t = 0$ での波形を ct だけ x 方向にずらした（進めた）ことを表し，x 軸の正方向に伝搬する波を表す。

このとき，式 (8.42) を，式 (8.32) および式 (8.33) に代入すると，

$$\boldsymbol{n}\cdot\boldsymbol{E} = 0, \quad \boldsymbol{n}\cdot\boldsymbol{B} = 0 \tag{8.43}$$

となるので，電磁波は電界 $\boldsymbol{E}$ および磁界 $\boldsymbol{B}$ ともに垂直な方向 $\boldsymbol{n}$ に振動しながら進行する横波である。

ここで，振動の角周波数 ω，波数 $k = \omega/c$，波数ベクトル $\boldsymbol{k} = k\boldsymbol{n}$ を用いて式 (8.43) を，それぞれ

$$\boldsymbol{E} = \boldsymbol{E}_0 \sin(\boldsymbol{k}\cdot\boldsymbol{r} - \omega t), \quad \boldsymbol{B} = \boldsymbol{B}_0 \sin(\boldsymbol{k}\cdot\boldsymbol{r} - \omega t + \delta) \tag{8.44}$$

と正弦波振動を表す形式で書き，これらの式を式 (8.34) に代入すると，

$$\boldsymbol{k}\times\boldsymbol{E}_0 \cos(\boldsymbol{k}\cdot\boldsymbol{r} - \omega t) = \omega\boldsymbol{B}_0 \cos(\boldsymbol{k}\cdot\boldsymbol{r} - \omega t + \delta) \tag{8.45}$$

---

† 波動方程式（式 (8.41)）に電界 $\boldsymbol{E}$（式 (8.42)）を代入した場合を考える。

$$\begin{aligned}\nabla^2 \boldsymbol{E} &= \boldsymbol{\nabla}(\boldsymbol{\nabla}\cdot\boldsymbol{E}) \\ &= \boldsymbol{\nabla}(\boldsymbol{n}\cdot\boldsymbol{E}) = \boldsymbol{n}(\boldsymbol{\nabla}\cdot\boldsymbol{E}) \\ &= \boldsymbol{n}(\boldsymbol{n}\cdot\boldsymbol{E}) = (\boldsymbol{n}\cdot\boldsymbol{n})\boldsymbol{E} \\ &= \boldsymbol{E}\end{aligned}$$

$$\begin{aligned}\frac{1}{c^2}\frac{\partial^2 \boldsymbol{E}}{\partial t^2} &= \frac{1}{c^2}\frac{\partial}{\partial t}\left(\frac{\partial \boldsymbol{E}}{\partial t}\right) \\ &= \frac{1}{c^2}\frac{\partial}{\partial t}[(-c)\boldsymbol{E}] \\ &= \frac{1}{c^2}(-c)(-c)\boldsymbol{E} \\ &= \boldsymbol{E}\end{aligned}$$

となる。この関係式が任意の位置で満足されるためには，

$$\boldsymbol{B}_0 = \frac{\boldsymbol{k} \times \boldsymbol{E}_0}{\omega}, \quad \delta = 0 \tag{8.46}$$

とならねばならない。このことから，電磁波の進行方向 $\boldsymbol{k}$，電界 $\boldsymbol{E}_0$ および磁界 $\boldsymbol{B}_0$ の振動方向は右ネジをなしており，また振動の位相は等しいことがわかる。

簡単な場合として，**図 8.6** に示す z 軸方向に伝搬する平面波を考える。この場合，$\boldsymbol{k} = (0, 0, k)$ であり，電界 $\boldsymbol{E}$ と磁界 $\boldsymbol{B}$ の各方向成分は t，z のみの関数であり，x および y には依存しない。ここで，電界が x 方向成分のみをもつ場合，

$$E_x(z, t) = E_0 \sin(kz - \omega t) \tag{8.47}$$

を考えると，磁界は y 方向成分のみをもつこととなり，

$$\begin{aligned} B_y(z, t) &= \frac{k}{\omega} E_x(z, t) = \frac{E_x(z, t)}{c} \\ &= \frac{E_0}{c} \sin(kz - \omega t) \end{aligned} \tag{8.48}$$

である。したがって，電界と磁界はつねに直交し，同じ位相で z 方向へ伝搬することとなる。

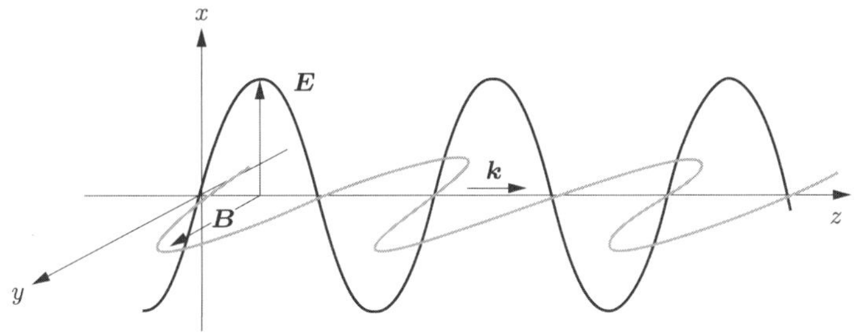

図 8.6　z 軸方向に伝搬する平面波

つまり，電磁波は真空中で光速で伝搬する横波を表している。光はまさしくこの性質を有している波動であるため，電磁波であることがわかる。電磁波の性質・波長・名称・主な用途を**図 8.7** に示す。

8-3-3　電磁波のエネルギーとポインティングベクトル

真空中を伝搬する電磁波のエネルギー密度に関して，マクスウェル方程式から考えてみる。一般に，電磁気学における巨視的な視点からのエネルギーは，電界 $\boldsymbol{E}$ が電流（密度）$\boldsymbol{J}$ になす仕事（ジュール熱）として $-\boldsymbol{J} \cdot \boldsymbol{E}$ [J/m^3] と表すことができる。

性質	波長 λ	名称	領域
化学作用 ↑	10^3nm	γ線	放射線領域
	1nm	X 線	
	10nm	極遠紫外線	紫外線領域
	100nm	遠紫外線 (CV-C)	
	280nm	中紫外線 (UV-B)	
	315nm	近紫外線 (UV-A)	
	380nm (400)	可視光線	可視光領域
↓ 熱作用	780nm 1000nm	近赤外線	赤外線領域
	1.5μm	中赤外線	
	5μm	遠赤外線	
	100μm	サブミリ波	電波領域
	1mm	ミリ波	

性質	周波数 f (波長 λ)	名称	主な用途
直進性 ↑	30GHz (1cm)	マイクロ波 SHF	宇宙通信
	3GHz (10cm)	極超短波 UHF	衛星通信 テレビ
	300MHz (1m)	超短波 VHF	テレビ放送 FM 放送
	30MHz (10m)	短波 HF	短波放送 標準放送
	3MHz (100m)	中波 MF	ラジオ放送
↓ 回折性	300kHz (1km)	長波 LF	船舶無線
	30kHz (10km)	超長波 VLF	
	3kHz (100km)	極超長波 ULF	

図 8.7　電磁波の性質・波長・名称・主な用途

この電磁波のエネルギーに関する関係式をマクスウェル方程式を利用して求めると,

$$\frac{\partial}{\partial t}\left(\frac{1}{2}\varepsilon_0 E^2+\frac{1}{2}\mu_0 H^2\right)+\nabla\cdot(\boldsymbol{E}\times\boldsymbol{H})=-\boldsymbol{J}\cdot\boldsymbol{E} \tag{8.49}$$

と表すことができる。

ここで, **電磁波のエネルギー密度** w [J/m^3] および電磁波のエネルギー密度の流れを表す **ポインティングベクトル $\boldsymbol{S}$** [J/(m$^2\cdot$s) もしくは W/m^2] を, それぞれ

$$w=\frac{1}{2}\left(\varepsilon_0 E^2+\mu_0 H^2\right) \tag{8.50}$$

$$\boldsymbol{S}=\boldsymbol{E}\times\boldsymbol{H} \tag{8.51}$$

と定義したうえで，これら 2 式を式 (8.49) に代入すると，

$$\frac{\partial w}{\partial t} + \nabla \cdot \boldsymbol{S} = -\boldsymbol{J} \cdot \boldsymbol{E} \tag{8.52}$$

が得られ，式 (8.22) で示される電荷保存の法則に類似していることがわかる。この式は**電磁波のエネルギー保存式**とよばれ，電磁波のエネルギー保存の法則を表現している。この式 (8.52) から，単位体積に貯えられている電磁波のエネルギー w の時間変化（左辺第 1 項）は，ポインティングベクトルの形での流出もしくは流入するエネルギー（左辺第 2 項）と，ジュール熱の形で熱に変換されるエネルギー（右辺）との釣り合いで決まることを表している。

つぎに，電磁波の強度を求める。電磁波の強度は，既述の式 (8.22) に示すポインティングベクトル $\boldsymbol{S}$ の，波の 1 周期 $T\ (= 2\pi/\omega)$ 当たりの平均値として求められる。

ここで，簡単のために，電界 $\boldsymbol{E}$ が x 方向成分のみ，磁界 $\boldsymbol{H}$ が y 方向成分のみを考えると，

$$\boldsymbol{E} = (E_x,\ 0,\ 0) \tag{8.53}$$

$$\boldsymbol{H} = (0,\ H_y,\ 0) \tag{8.54}$$

となるので，ポインティングベクトル $\boldsymbol{S}$ は z 方向成分のみとなり，

$$\boldsymbol{S} = (0,\ 0,\ S_z) = (0,\ 0,\ E_x H_y) \tag{8.55}$$

として表される。これは，電磁波のエネルギー（密度）の流れが電界と磁界にそれぞれ垂直な方向，すなわち z 方向に伝搬していくことを示している。このとき，式 (8.47) および式 (8.48) を用いて，ポインティングベクトルの z 方向成分 S_z を求めると，

$$\begin{aligned} S_z &= E_x H_y \\ &= E_0 \sin(kz - \omega t) \times \frac{1}{\mu_0}\frac{E_0}{c}\sin(kz - \omega t) \\ &= \frac{E_0^2}{c\mu_0}\sin^2(kz - \omega t) \end{aligned} \tag{8.56}$$

となる。

よって，電磁波の強度 $\langle S \rangle$ は，

$$\langle S \rangle = \frac{1}{T}\int_0^T S_z\ \mathrm{d}t$$

$$\begin{aligned} \boldsymbol{S} &= \boldsymbol{E} \times \boldsymbol{H} \\ &= \begin{vmatrix} \boldsymbol{i} & \boldsymbol{j} & \boldsymbol{k} \\ E_x & E_y & E_z \\ H_x & H_y & H_z \end{vmatrix} \\ &= \begin{vmatrix} \boldsymbol{i} & \boldsymbol{j} & \boldsymbol{k} \\ E_x & 0 & 0 \\ 0 & H_y & 0 \end{vmatrix} \\ &= (0,\ 0,\ E_x H_y) \\ &= (0,\ 0,\ S_z) \end{aligned}$$

$$
\begin{aligned}
&= \frac{1}{T}\int_0^T \frac{E_0^2}{c\mu_0}\sin^2(kz-\omega t)\,\mathrm{d}t \\
&= \frac{1}{T}\cdot\frac{E_0^2}{c\mu_0}\int_0^T \frac{1-\cos\left(2(kz-\omega t)\right)}{2}\,\mathrm{d}t \\
&= \frac{1}{T}\cdot\frac{E_0^2}{2c\mu_0}\left[t-\frac{1}{2}\sin\left(2kz-2\omega t\right)\right]_0^T \\
&= \frac{1}{T}\cdot\frac{E_0^2}{2c\mu_0}\left[T+\frac{1}{2}\sin(2kz)-\frac{1}{2}\sin(2kz-2\omega T)\right] \\
&= \frac{1}{T}\cdot\frac{E_0^2}{2c\mu_0}\left[T+\frac{1}{2}\sin(2kz)-\frac{1}{2}\sin(2kz)\right] \\
&= \frac{E_0^2}{2c\mu_0} = \frac{1}{2}\varepsilon_0 E_0^2 c \quad [\mathrm{J/(m^2\cdot s)}] \qquad (8.57)
\end{aligned}
$$

$$\left(\because \text{式 (8.40) より,} \quad c^2=\frac{1}{\varepsilon_0\mu_0} \Rightarrow \frac{1}{c\mu_0}=\varepsilon_0 c\right)$$

であり，これは $\varepsilon_0 E_0^2/2$ の静電エネルギーが光速 c で伝搬することを表している。

【例題 8.2】 人工衛星に積んである出力 10 [kW] の送信機から等方的に電波（電磁波）が出ているとする。このとき，人工衛星から 50[km] 離れた場所におけるポインティングベクトルの平均値 $\langle S\rangle$ と電波の電界振幅 E_0 を求めよ。

解答 人工衛星の送信機から等方的に電波（電磁波）が出ていることから，送信機からの出力 W を人工衛星から半径（距離）R における表面積で除した値がポインティングベクトルの平均値 $\langle S\rangle$ を表すので，

$$
\begin{aligned}
\langle S\rangle &= \frac{W}{4\pi R^2} = \frac{10\ [\mathrm{kW}]}{4\times\pi\times(50\ [\mathrm{km}])^2} \\
&= \frac{10\times 10^3\ [\mathrm{J/s}]}{4\times\pi\times(50\times 10^3\ [\mathrm{m}])^2} \\
&\approx 3.18\times 10^{-7}\ [\mathrm{J/(m^2\cdot s)}]
\end{aligned}
$$

よって，この電波（電磁波）の電界振幅 E_0 は，式 (8.57) を用いて，

$$
\begin{aligned}
E_0 &= \sqrt{\frac{2\langle S\rangle}{\varepsilon_0 c}} \\
&= \sqrt{\frac{2\times 3.18\times 10^{-7}\ [\mathrm{J/(m^2\cdot s)}]}{8.854\times 10^{-12}\ [\mathrm{F/m}]\times 2.997\times 10^8\ [\mathrm{m/s}]}} \\
&\approx 1.55\times 10^{-2}\ [\mathrm{V/m}]
\end{aligned}
$$

ここで，真空の誘電率 $\varepsilon_0 = 8.854\times 10^{-12}$ [F/m]，および真空中での光速 $c = 2.997\times 10^8$ [m/s] を用いた。

演習問題 8

8.1 マクスウェル方程式が与えられたとして，それらが式 (8.11) で示される電荷保存の法則を満足していることを示せ。

8.2 電流 I が流れている抵抗 R の円柱導体内に発生するジュール熱 I^2R は，円柱周囲の電磁界から円柱内に流入するポインティングベクトルで表されることを示せ。

8.3 **図 8.8** に示す円形の平行平板コンデンサを充電するとする。円板の半径を R，電極間距離（ギャップ）を d，電極の電荷を $Q(t)$，充電電流を $I(t)$ とする。このとき，電極間の半径 r における電界および磁界，ポインティングベクトルをそれぞれ求めよ。

8.4 地球の大気圏外における太陽の放射エネルギーは 1.36 [kW/m^2] である。いま，太陽からの放射が単一の周波数をもった電磁波であると仮定すると，この電磁波の電界の振幅 E_0 および磁束密度の振幅 B_0 をそれぞれ求めよ。

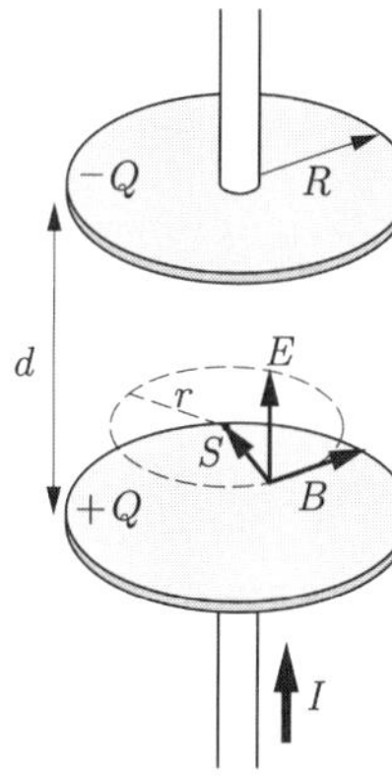

図 8.8

付　録

A.1　ベクトル

A.1.1　ベクトルとスカラー

〈物理量〉

ベクトル：　<u>大きさ</u>，<u>方向</u> をもつ量　例）速度，力，加速度，電界
スカラー：　<u>大きさ</u> だけをもつ量　　例）温度，高さ，電位

ベクトルは線分 $\overrightarrow{\mathrm{PQ}}$，矢印で表す。

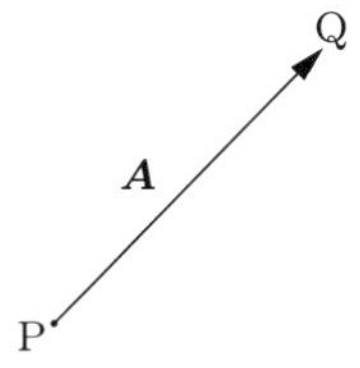

$\overline{\mathrm{PQ}}$: ベクトル $\boldsymbol{A}$ の大きさ
大きさ（絶対値）は矢印の長さ
$|\boldsymbol{A}| = A$

$\overrightarrow{\mathrm{PQ}}$: ベクトル $\boldsymbol{A}$
ベクトル $\boldsymbol{A}$ の方向は矢印の向き

A.1.2　ベクトルの代数

(1) $\boldsymbol{A} = \boldsymbol{B}$: $\boldsymbol{A}$ と $\boldsymbol{B}$ の大きさと方向が同じ

(2) $\boldsymbol{A}$, $-\boldsymbol{A}$: 同じ大きさをもつが向きは反対

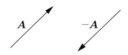

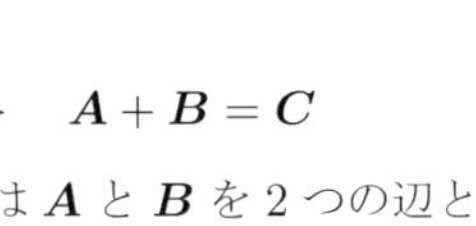

(3) $\boldsymbol{A}$ と $\boldsymbol{B}$ の和 : $\boldsymbol{A}$ の終点に $\boldsymbol{B}$ の始点を置き，$\boldsymbol{A}$ の始点と $\boldsymbol{B}$ の終点を結んでできるベクトル

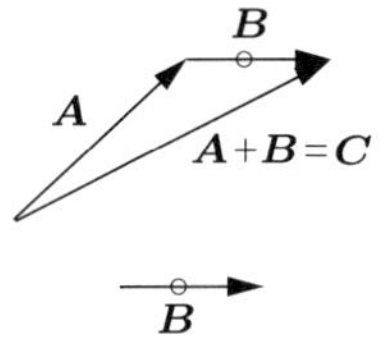

$\Longrightarrow \quad \boldsymbol{A} + \boldsymbol{B} = \boldsymbol{C}$

$\boldsymbol{C}$ は $\boldsymbol{A}$ と $\boldsymbol{B}$ を 2 つの辺とする平行四辺形の対角線になる。

(4) $\boldsymbol{A}$ と $\boldsymbol{B}$ との差 : $\boldsymbol{A} - \boldsymbol{B} = \boldsymbol{A} + (-\boldsymbol{B})$
もし $\boldsymbol{A} = \boldsymbol{B}$ または $\boldsymbol{A} - \boldsymbol{B} = 0$ ならば，これを **0 ベクトル**という。
0 ベクトル : 大きさは 0，方向は定まらない。

(5) ベクトル $\boldsymbol{A}$ とスカラーの積（a：スカラー）

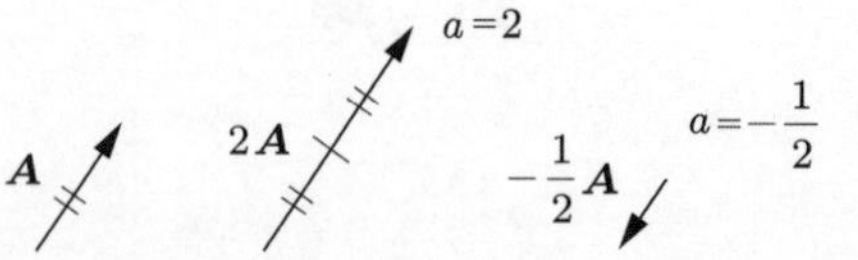

$a\boldsymbol{A}$：$\boldsymbol{A}$ の大きさ a 倍
$a>0$ 方向は $\boldsymbol{A}$ と同じ
$a<0$ 方向は $\boldsymbol{A}$ と逆
$a=0$ ゼロベクトル

〈ベクトルの性質〉

a) 交換則　$\boldsymbol{A}+\boldsymbol{B}=\boldsymbol{B}+\boldsymbol{A}$
b) 結合則　$\boldsymbol{A}+(\boldsymbol{B}+\boldsymbol{C})=(\boldsymbol{A}+\boldsymbol{B})+\boldsymbol{C}$
　　　　　$a(b\boldsymbol{A})=ab\boldsymbol{A}=b(a\boldsymbol{A})$
c) 分配則　$(a+b)\boldsymbol{A}=a\boldsymbol{A}+b\boldsymbol{A}$
　　　　　$a(\boldsymbol{A}+\boldsymbol{B})=a\boldsymbol{A}+a\boldsymbol{B}$

A.1.3　ベクトルの成分

長さが 1 のベクトルを**単位ベクトル**という。
大きさが 0 でない任意のベクトル $\boldsymbol{A}$ があるとき

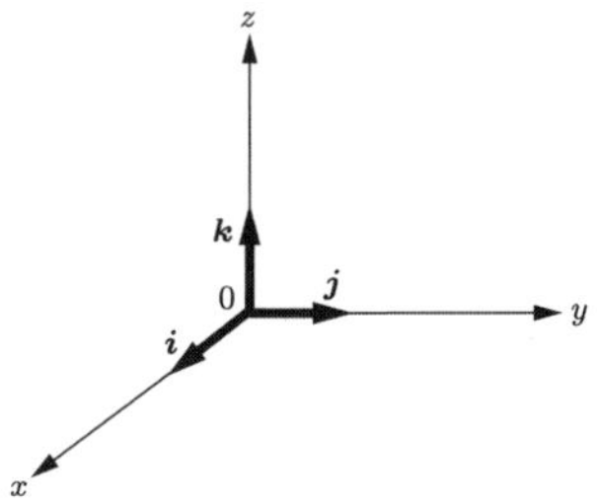

$$\frac{\boldsymbol{A}}{|\boldsymbol{A}|}=\frac{\boldsymbol{A}}{A}\quad \text{が単位ベクトル}$$

$$\text{単位ベクトル}=\frac{[\text{大きさ}]\cdot[\text{方向}]}{[\text{大きさ}]}=1\cdot[\text{方向}]$$

直交ベクトル $\boldsymbol{i}, \boldsymbol{j}, \boldsymbol{k}$ は直交座標系（右手系）x, y, z の x 軸方向，y 軸方向，z 軸方向の単位ベクトルである。

直交ベクトル $\boldsymbol{i}, \boldsymbol{j}, \boldsymbol{k}$ を用いると，3 次元空間の任意のベクトル $\boldsymbol{A}$ は原点を始点として直交座標系で表すことができる。

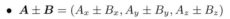

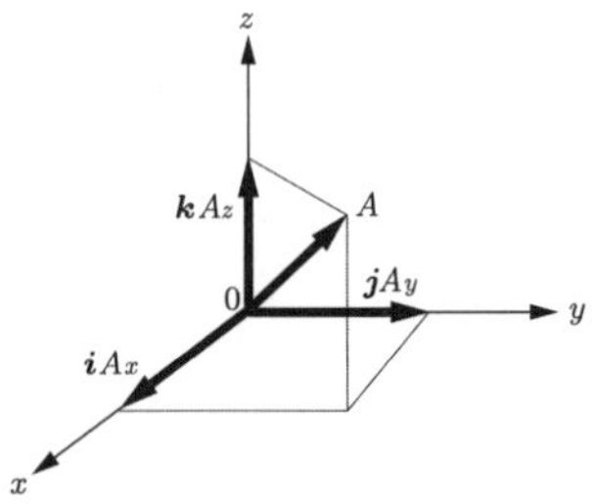

$$\boldsymbol{A}=\boldsymbol{i}A_x+\boldsymbol{j}A_y+\boldsymbol{k}A_y$$
$$|\boldsymbol{A}|=A=\sqrt{A_x^2+A_y^2+A_z^2}$$

2 つのベクトル $\boldsymbol{A}=(A_x, A_y, A_z)$, $\boldsymbol{B}=(B_x, B_y, B_z)$ について同じ成分を計算する。

- $\boldsymbol{A}\pm\boldsymbol{B}=(A_x\pm B_x, A_y\pm B_y, A_z\pm B_z)$
- $a\boldsymbol{A}=(aA_x, aA_y, aA_z)$
- $a\boldsymbol{A}+b\boldsymbol{B}=(aA_x+bB_x, aA_y+bB_y, aA_z+bB_z)$

A.2　ベクトルのスカラー積とベクトル積

A.2.1　スカラー積（内積）

$\boldsymbol{A}\cdot\boldsymbol{B}=|\boldsymbol{A}||\boldsymbol{B}|\cos\theta=AB\cos\theta$
ここで，θ は $\boldsymbol{A}$ と $\boldsymbol{B}$ のなす角である。

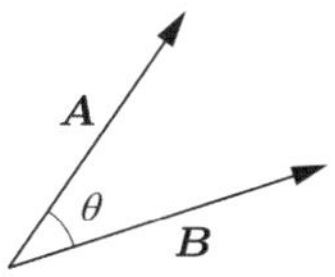

$\theta(0 < \theta < \pi)$ によって $|\boldsymbol{A}| \cdot |\boldsymbol{B}|$ から $-|\boldsymbol{A}|\,|\boldsymbol{B}|$

大きさが 0 でない 2 つのベクトル $\boldsymbol{A}$, $\boldsymbol{B}$ が 直交している 場合

$$\boldsymbol{A} \cdot \boldsymbol{B} = 0 \Longrightarrow \boldsymbol{A} \perp \boldsymbol{B}$$

$\boldsymbol{A} = \boldsymbol{B}$ の場合

$$\boldsymbol{A} \cdot \boldsymbol{B} = \boldsymbol{A} \cdot \boldsymbol{A} = |\boldsymbol{A}|^2$$

$$\therefore \quad |\boldsymbol{A}| = \sqrt{\boldsymbol{A} \cdot \boldsymbol{A}}$$

〈スカラー積の性質〉

a) 交換則 $\boldsymbol{A} \cdot \boldsymbol{B} = \boldsymbol{B} \cdot \boldsymbol{A}$

b) 分配則 $\boldsymbol{A} \cdot (\boldsymbol{B} + \boldsymbol{C}) = \boldsymbol{A} \cdot \boldsymbol{B} + \boldsymbol{A} \cdot \boldsymbol{C}$

c) a : スカラーの場合

$$a(\boldsymbol{A} \cdot \boldsymbol{B}) = (a\boldsymbol{A}) \cdot \boldsymbol{B} = \boldsymbol{A} \cdot (a\boldsymbol{B})$$

d) $\boldsymbol{i} \cdot \boldsymbol{i} = \boldsymbol{j} \cdot \boldsymbol{j} = \boldsymbol{k} \cdot \boldsymbol{k} = 1$, $\boldsymbol{i} \cdot \boldsymbol{j} = \boldsymbol{j} \cdot \boldsymbol{k} = \boldsymbol{k} \cdot \boldsymbol{i} = 0$

e) $\boldsymbol{A} = \boldsymbol{i}A_x + \boldsymbol{j}A_y + \boldsymbol{k}A_z$, $\boldsymbol{B} = \boldsymbol{i}B_x + \boldsymbol{j}B_y + \boldsymbol{k}B_z$

$$\boldsymbol{A} \cdot \boldsymbol{B} = A_xB_x + A_yB_y + A_zB_z$$

⇧ 2 つのベクトルのスカラー積は同じ成分同士の積の和となる。

$$\boldsymbol{A} \cdot \boldsymbol{B} = (\boldsymbol{i}A_x + \boldsymbol{j}A_y + \boldsymbol{k}A_z) \cdot (\boldsymbol{i}B_x + \boldsymbol{j}B_y + \boldsymbol{k}B_z)$$

$$\underbrace{\boldsymbol{i}A_x \cdot \boldsymbol{i}B_x}_{A_xB_x} + \underbrace{\boldsymbol{i}A_x \cdot \boldsymbol{j}B_y}_{0} + \underbrace{\boldsymbol{i}A_x \cdot \boldsymbol{k}B_z}_{0}$$

e) は d) から示される。

A.2.2　ベクトル積（外積）

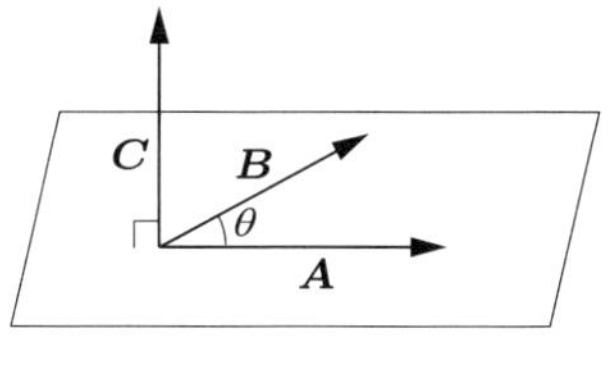

$$\boldsymbol{A} \times \boldsymbol{B} = \boldsymbol{C}$$
$$= |\boldsymbol{A}||\boldsymbol{B}| \sin\theta \boldsymbol{n}_C$$
$$= AB \sin\theta \boldsymbol{n}_C$$

$\boldsymbol{n}_C$: $\boldsymbol{C}$ 方向の単位ベクトルとする

$\boldsymbol{A}$ と $\boldsymbol{B}$ と $\boldsymbol{C}$ が右手系である。

右ネジの関係

$\boldsymbol{A}=\boldsymbol{B}$ の場合

$\boldsymbol{A}//\boldsymbol{B}\qquad \sin\theta=0$

$\boldsymbol{A}\times\boldsymbol{B}=0\Longrightarrow\boldsymbol{A}//\boldsymbol{B}$ である。

〈ベクトル積の性質〉

a) $\boldsymbol{A}\times\boldsymbol{B}=-\boldsymbol{B}\times\boldsymbol{A}$　※ 演算の順序を変えると計算結果が異なる。

b) 分配則

$$\boldsymbol{A}\times(\boldsymbol{B}+\boldsymbol{C})=\boldsymbol{A}\times\boldsymbol{B}+\boldsymbol{A}\times\boldsymbol{C}$$

c) k：スカラーの場合

$$k(\boldsymbol{A}\times\boldsymbol{B})=(k\boldsymbol{A})\times\boldsymbol{B}=\boldsymbol{A}\times(k\boldsymbol{B})$$

d) $\boldsymbol{A}\times(\boldsymbol{B}\times\boldsymbol{C})=(\boldsymbol{A}\cdot\boldsymbol{C})\boldsymbol{B}-(\boldsymbol{A}\cdot\boldsymbol{B})\boldsymbol{C}$

e) $\boldsymbol{i}\times\boldsymbol{i}=\boldsymbol{j}\times\boldsymbol{j}=\boldsymbol{k}\times\boldsymbol{k}=0$

$\boldsymbol{i}\times\boldsymbol{j}=\boldsymbol{k},\quad \boldsymbol{j}\times\boldsymbol{k}=\boldsymbol{i},\quad \boldsymbol{k}\times\boldsymbol{i}=\boldsymbol{j}$

f) $\boldsymbol{A}=\boldsymbol{i}A_x+\boldsymbol{j}A_y+\boldsymbol{k}A_z,\ \boldsymbol{B}=\boldsymbol{i}B_x+\boldsymbol{j}B_y+\boldsymbol{k}B_z$

$$\begin{aligned}\boldsymbol{A}\times\boldsymbol{B}&=(\boldsymbol{i}A_x+\boldsymbol{j}A_y+\boldsymbol{k}A_z)\times(\boldsymbol{i}B_x+\boldsymbol{j}B_y+\boldsymbol{k}B_z)\\&=(A_yB_z-A_zB_y)\boldsymbol{i}+(A_zB_x-A_xB_z)\boldsymbol{j}+(A_xB_y-A_yB_x)\boldsymbol{k}\\&=\begin{vmatrix}\boldsymbol{i}&\boldsymbol{j}&\boldsymbol{k}\\A_x&A_y&A_z\\B_x&B_y&B_z\end{vmatrix}\end{aligned}$$

演習問題解答

【演習問題 2】

2.1 クーロン力 F は次式から求めることができる。

$$F = \frac{q_A q_B}{4\pi\varepsilon_0 r^2} = 9.00 \times 10^9 \times \frac{q_A q_B}{r^2}$$

$$= 9.00 \times 10^9 \times \frac{(-1.6 \times 10^{-19}) \times (1.6 \times 10^{-19})}{(5.3 \times 10^{-11})^2} = -8.2 \times 10^{-8} \quad [\mathrm{N}]$$

2.2 球の外側の電界 E および電位 V は球の電荷を q，球の中心からの距離を r とすると

$$E = \frac{q}{4\pi\varepsilon_0 r^2}, \quad V = \frac{q}{4\pi\varepsilon_0 r}$$

また，球内の電界は例題 2.2 から

$$E = \frac{r\rho}{3\varepsilon_0}$$

である。ここで，ρ は電荷密度である。

(1) 球表面の電界は

$$E = \frac{q}{4\pi\varepsilon_0 r^2} = 9.00 \times 10^9 \times \frac{q}{r^2} = 9.00 \times 10^9 \times \frac{2.4 \times 10^{-6}}{(0.1)^2}$$

$$= 2.16 \times 10^6 \ [\mathrm{V/m}]$$

である。

(2) 球表面から垂直に 10 [cm] 離れた地点での電界は

$$E = 9.00 \times 10^9 \times \frac{2.4 \times 10^{-6}}{(0.1)^2} = 5.4 \times 10^5 \ [\mathrm{V/m}]$$

である。

(3) 電荷密度 ρ は電荷を体積で割れば求まるから

$$\rho = \frac{q}{\frac{4}{3}\pi r^3} = \frac{2.4 \times 10^{-6}}{\frac{4}{3}\pi \times (0.1)^3} = 5.73 \times 10^{-4} \ [\mathrm{C/m^3}]$$

したがって，電界 E は

$$E = \frac{r\rho}{3\varepsilon_0} = \frac{0.05 \times 5.73 \times 10^{-4}}{3 \times 8.85 \times 10^{-12}} = 1.08 \times 10^6 \ [\mathrm{V/m}]$$

である。

(4) 球表面の電位は

$$V = \frac{q}{4\pi\varepsilon_0 r} = 9.00 \times 10^9 \times \frac{q}{r} = 9.00 \times 10^9 \times \frac{2.4 \times 10^{-6}}{0.1}$$

$$= 2.16 \times 10^5 \ [\mathrm{V}]$$

である。

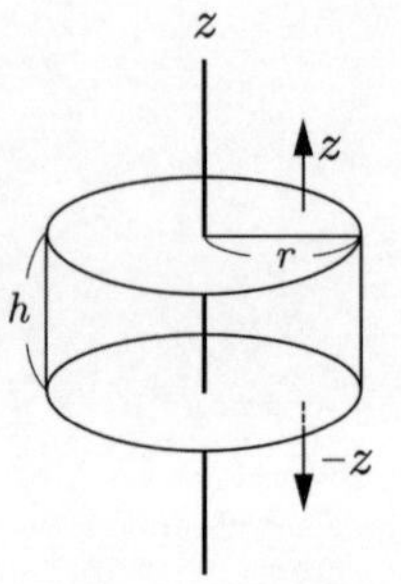

2.3 対称性から z 軸方向には電荷は一様で無限に延びているから，電気力線は z 軸に垂直である。

電界は z 軸に垂直な面内では，z 軸の周りの回転角によらない。

閉曲面 z 軸を軸として，半径 r，高さ h の円柱面を考える（円柱の上断面，下断面，側面からなる）。

電界の外向き法線方向は，上断面では z，下断面では $-z$，側面では r の各方向である。

$$\int_{\mathrm{S}} E_n \mathrm{d}S = \int_{\text{上断面}} E_{\mathrm{z}} \mathrm{d}S + \int_{\text{下断面}} E_{-z} \mathrm{d}S + \int_{\text{側面}} E_r \mathrm{d}S$$

E_z, E_{-z} はその方向に電気力線がないから $E_{\mathrm{z}} = E_{-\mathrm{z}} = 0$，したがって

$$\int_{\mathrm{S}} E_n \mathrm{d}S = \int_{\text{側面}} E_r \mathrm{d}S = E_r \int_{\text{側面}} \mathrm{d}S = E_r \times 2\pi r h = h\lambda/\varepsilon_0$$

この式から E_r を求めると

$$E_r = E = \frac{\lambda}{2\pi\varepsilon_0 r} \quad \left[\frac{\mathrm{V}}{\mathrm{m}}\right]$$

となる。

2.4 まず $\boldsymbol{E} = -\mathrm{grad}\,V$ を用いて電界 $\boldsymbol{E}$ を求める。

$$\begin{aligned}
\boldsymbol{E} &= -\,\mathrm{grad}V = -\left(\boldsymbol{i}\frac{\partial}{\partial x} + \boldsymbol{j}\frac{\partial}{\partial y} + \boldsymbol{k}\frac{\partial}{\partial z}\right)(x^2 + xy^2 - yz^3) \\
&= -\,\boldsymbol{i}\frac{\partial}{\partial x}(x^2 + xy^2 - yz^3) - \boldsymbol{j}\frac{\partial}{\partial y}(x^2 + xy^2 - yz^3) \\
&\quad - \boldsymbol{k}\frac{\partial}{\partial z}(x^2 + xy^2 - yz^3) \\
&= -\,(2x + y^2)\boldsymbol{i} - (2xy - z^3)\boldsymbol{j} + 3yz^2\boldsymbol{k} \\
\boldsymbol{E} &= -\,(2x + y^2)\boldsymbol{i} - (2xy - z^3)\boldsymbol{j} + 3yz^2\boldsymbol{k} \quad [\mathrm{V/m}]
\end{aligned}$$

つぎに $\mathrm{div}\,\boldsymbol{E} = \dfrac{\rho}{\varepsilon_0}$ を用いて ρ を求める。

$$\begin{aligned}
\rho &= \varepsilon_0 \mathrm{div}\,\boldsymbol{E} = \varepsilon_0 \boldsymbol{\nabla}\cdot\boldsymbol{E} \\
&= \varepsilon_0\left(\boldsymbol{i}\frac{\partial}{\partial x} + \boldsymbol{j}\frac{\partial}{\partial y} + \boldsymbol{k}\frac{\partial}{\partial z}\right)\cdot[-(2x + y^2)\boldsymbol{i} - (2xy - z^3)\boldsymbol{j} + 3yz^2\boldsymbol{k}] \\
&= \varepsilon_0\left[\frac{\partial}{\partial x}\{-(2x + y^2)\} + \frac{\partial}{\partial y}\{-(2xy - z^3)\} + \frac{\partial}{\partial z}(3yz^2)\right] \\
&= (-2 - 2x + 6yz)\varepsilon_0 \\
\rho &= (-2 - 2x + 6yz)\varepsilon_0 \quad [\mathrm{C/m^3}]
\end{aligned}$$

【演習問題 3】

3.1
$$\begin{aligned}
C &= \frac{Q}{V} \\
&= \frac{5.0 \times 10^{-8}}{10} = 5.0 \times 10^{-9} \quad [\mathrm{F}]\ (= 5.0\ \ [\mathrm{nF}])
\end{aligned}$$

3.2 半径 a [m] の内円筒の単位長さ当たりの電荷を λ [C/m] とすると，円筒間の位置 r [m] での電界の大きさ E は，同軸円筒の単位長さの閉曲面でガウスの法則を使うと，側面成分以外は電界の大きさはゼロである。よって，

$$2\pi rE = \frac{\lambda}{\varepsilon_0} \text{ より，} \quad E = \frac{\lambda}{2\pi\varepsilon_0 r} \quad [\mathrm{V/m}]$$

この電界 E より，円筒間の電位差 V [V] は

$$V = -\int_b^a E\mathrm{d}r = \frac{\lambda}{2\pi\varepsilon_0}\log\frac{b}{a} \quad [\mathrm{V}]$$

と表せる。したがって，単位長さ当たりの静電容量 C' はつぎのように求めることができる。

$$C' = \frac{\lambda}{V} = \frac{2\pi\varepsilon_0}{\log\dfrac{b}{a}} \quad \left[\frac{\mathrm{F}}{\mathrm{m}}\right]$$

3.3 電界の大きさ E は式 (3.3) より，$E = \dfrac{\sigma}{\varepsilon_0}$ [V/m]。また，平板状導体から距離 r [m] の電位は，

$$V = -\int_0^r E\mathrm{d}r = -\frac{\sigma}{\varepsilon_0}r + V_0 \quad [\mathrm{V}]$$

3.4 (a) 導体球同士が十分離れているので，互いの影響が小さいために無視できる。導体 A, B の表面に分布する電荷密度 $\sigma_\mathrm{A}, \sigma_\mathrm{B}$ [C/m^2] は，

$$\sigma_\mathrm{A} = \frac{Q_\mathrm{A}}{4\pi R_\mathrm{A}^2}, \quad \sigma_\mathrm{B} = \frac{Q_\mathrm{B}}{4\pi R_\mathrm{B}^2} \quad \text{なので，}$$

各導体球の表面での電界の大きさはつぎのように求めることができる。

$$E_\mathrm{A} = \frac{\sigma_\mathrm{A}}{\varepsilon_0} = \frac{Q_\mathrm{A}}{4\pi\varepsilon_0 R_\mathrm{A}^2} \quad \left[\frac{\mathrm{V}}{\mathrm{m}}\right]$$

$$E_\mathrm{B} = \frac{\sigma_\mathrm{B}}{\varepsilon_0} = \frac{Q_\mathrm{B}}{4\pi\varepsilon_0 R_\mathrm{B}^2} \quad \left[\frac{\mathrm{V}}{\mathrm{m}}\right]$$

また，表面での電位は，無限遠を 0 [V] とするとつぎのように求められる。

$$V_\mathrm{A} = \frac{Q_\mathrm{A}}{4\pi\varepsilon_0 R_\mathrm{A}} \quad [\mathrm{V}], \quad V_\mathrm{B} = \frac{Q_\mathrm{B}}{4\pi\varepsilon_0 R_\mathrm{B}} \quad [\mathrm{V}]$$

(b) A–B 間を細い導線で接続すると，導体球間で電荷が移動し，A と B の電位が等しくなる。移動後の A, B の電荷がそれぞれ $Q'_\mathrm{A}, Q'_\mathrm{B}$ となったとすると，互いの電位が等しい関係から，

$$\frac{Q'_\mathrm{A}}{4\pi\varepsilon_0 R_\mathrm{A}} = \frac{Q'_\mathrm{B}}{4\pi\varepsilon_0 R_\mathrm{B}} \quad \text{より}$$

$$\frac{Q'_\mathrm{A}}{R_\mathrm{A}} = \frac{Q'_\mathrm{B}}{R_\mathrm{B}}$$

の関係式が得られる。

また，電荷の移動前後で電荷の総量は変化しないので，$Q_\mathrm{A} + Q_\mathrm{B} = Q'_\mathrm{A} + Q'_\mathrm{B}$ より，

$$Q'_\mathrm{A} = \frac{R_\mathrm{A}}{R_\mathrm{A} + R_\mathrm{B}}(Q_\mathrm{A} + Q_\mathrm{B}), \quad Q'_\mathrm{B} = \frac{R_\mathrm{B}}{R_\mathrm{A} + R_\mathrm{B}}(Q_\mathrm{A} + Q_\mathrm{B})$$

と表すことができる。

したがって，各導体の電界はつぎのように求めることができる。

$$E'_{\mathrm{A}} = \frac{Q'_{\mathrm{A}}}{4\pi\varepsilon_0 R_{\mathrm{A}}^2} = \frac{Q_{\mathrm{A}} + Q_{\mathrm{B}}}{4\pi\varepsilon_0 R_{\mathrm{A}}(R_{\mathrm{A}} + R_{\mathrm{B}})} \quad \left[\frac{\mathrm{V}}{\mathrm{m}}\right]$$

$$E'_{\mathrm{B}} = \frac{Q'_{\mathrm{B}}}{4\pi\varepsilon_0 R_{\mathrm{B}}^2} = \frac{Q_{\mathrm{A}} + Q_{\mathrm{B}}}{4\pi\varepsilon_0 R_{\mathrm{B}}(R_{\mathrm{A}} + R_{\mathrm{B}})} \quad \left[\frac{\mathrm{V}}{\mathrm{m}}\right]$$

なお，上の関係式より $\dfrac{E'_{\mathrm{A}}}{E'_{\mathrm{B}}} = \dfrac{R_{\mathrm{B}}}{R_{\mathrm{A}}}$ であることから，このような場合の電界は，小さい導体球の方がより強くなることがわかる。

3.5 (a) 式 (3.8) および，$\sigma = \varepsilon_0 E$ より，

$$\sigma = \frac{-qa}{2\pi\left(a^2 + y^2 + z^2\right)^{3/2}} \quad \left[\frac{\mathrm{C}}{\mathrm{m}^2}\right]$$

(b) y–z 無限平面の電荷の総量 Q [C] は次式で表される。

$$Q = \int_{-\infty}^{\infty}\int_{-\infty}^{\infty} \sigma \mathrm{d}y\mathrm{d}z$$

ここで，極座標表示：$y = r\cos\phi, z = r\sin\phi, r = \sqrt{y^2 + z^2}$ を導入すると，$\mathrm{d}y\mathrm{d}z = r\mathrm{d}r\mathrm{d}\phi$ より，上式はつぎのように書ける。

$$\begin{aligned} Q &= \int_0^{\infty} \frac{-qar}{2\pi\left(a^2 + r^2\right)^{3/2}}\mathrm{d}r \int_0^{2\pi} \mathrm{d}\phi = qa\left[\frac{1}{\sqrt{a^2 + r^2}}\right]_0^{\infty} \\ &= -q \quad [\mathrm{C}] \end{aligned}$$

したがって，点電荷と同じ大きさで異符号の電荷が導体表面上に分布していることを確認できる。

3.6 3 個の C が直列接続された合成容量は

$$\frac{1}{\dfrac{1}{C} + \dfrac{1}{C} + \dfrac{1}{C}} = \frac{C}{3} \quad \text{なので，}$$

この静電容量が並列接続されたものが，端子 a–b 間の合成容量である。よって，

$$C' = \frac{C}{3} + \frac{C}{3} = \frac{2}{3}C \quad [\mathrm{F}]$$

【演習問題 4】

4.1 このコンデンサを充電したときに発生する電束密度 D は誘電率によらず一定で

$$D = \varepsilon_1 E_1 = \varepsilon_2 E_2$$

このときの充電電荷を Q [C] とすれば，

$D = \dfrac{Q}{S}$ より，$E_1 = \dfrac{Q}{\varepsilon_1 S}$，$E_2 = \dfrac{Q}{\varepsilon_2 S}$ なので，平板間に発生する電位 V [V] は

$$V = E_1 d_1 + E_2 d_2 = \left(\frac{d_1}{\varepsilon_1} + \frac{d_2}{\varepsilon_2}\right)\frac{Q}{S} \quad [\mathrm{V}]$$

よって，$C = Q/V$ より，

$$C = \frac{S}{\left(\dfrac{d_1}{\varepsilon_1} + \dfrac{d_2}{\varepsilon_2}\right)} \quad [\mathrm{F}]$$

4.2 この誘電体中で，2 つの点電荷 Q_1, Q_2 [C] に働く力は，電荷間の距離を r [m] とすれば

$$\frac{Q_1 Q_2}{4\pi\kappa\varepsilon_0 r^2} \quad \text{であり，}$$

この誘電体中では真空中に働く力に比べて，κ に反比例するため，真空中で力は最大になる。よって，

$$F = \kappa \times 2.0 \times 10^{-3} = 1.0 \times 10^{-2} \quad [\mathrm{N}]$$

4.3 式 (4.4) において，$D = \kappa\varepsilon_0 E$, および $\chi_e = \kappa - 1$ なので，

$$P = \left(\frac{\kappa - 1}{\kappa}\right) D = 2.9 \times 10^{-6} \quad [\mathrm{C/m^2}]$$

4.4 2 つのコンデンサが並列接続された後の合成容量は $C_1 + C_2$ [F] となる。また，コンデンサの接続前後で充電されている電荷量 Q [C] は変化しないはずなので，

$$Q = C_1 V_1 = (C_1 + C_2) V_2$$

上式より，$\dfrac{C_1}{C_2} = \dfrac{V_2}{V_1 - V_2}$ の関係を得る。

また，静電容量は式 (4.17) より誘電率に比例するため，$\dfrac{C_1}{C_2} = \dfrac{\varepsilon_1}{\varepsilon_2}$ なので，

$$\frac{\varepsilon_1}{\varepsilon_2} = \frac{V_2}{V_1 - V_2}$$

4.5 $u = \dfrac{1}{2}\kappa\varepsilon_0 E^2$ より，

$$u = \frac{1}{2} \times 5 \times 8.85 \times 10^{-12} \times (10^2)^2 = 2.21 \times 10^{-7} \ [\mathrm{J/m^3}]$$

4.6 (a) 電束密度は，誘電体によらず，真電荷 $+Q$ [C] のみを考慮し，半径 r [m] の球を閉曲面としてガウスの法則を適用すると，

$$D(r) = \frac{Q}{4\pi r^2} \quad \left[\frac{\mathrm{C}}{\mathrm{m^2}}\right]$$

(b) $D(r) = \varepsilon E(r)$ より，誘電体内とその外部での電界の大きさは，

$$E_{\mathrm{in}}(r) = \frac{D(r)}{\varepsilon} = \frac{Q}{4\pi\varepsilon r^2} \quad \left[\frac{\mathrm{V}}{\mathrm{m}}\right]$$

$$E_{\mathrm{out}}(r) = \frac{D(r)}{\varepsilon_0} = \frac{Q}{4\pi\varepsilon_0 r^2} \quad \left[\frac{\mathrm{V}}{\mathrm{m}}\right]$$

(c) $E(r) = -\dfrac{\mathrm{d}V(r)}{\mathrm{d}r}$ より，誘電体外部の電位は，無限遠の電位を 0 [V] とすると，

$$V_{\mathrm{out}}(r) = \frac{Q}{4\pi\varepsilon_0 r} \quad [\mathrm{V}]$$

また，同様に誘電体内部の電位は，
$V_{\mathrm{in}}(r) = \dfrac{Q}{4\pi\varepsilon r} + k$ [V] となる。ここで，k は積分定数である。
この積分定数は条件 $V_{\mathrm{out}}(b) = V_{\mathrm{in}}(b)$ より，
$k = \dfrac{Q}{4\pi b}\left(\dfrac{1}{\varepsilon_0} - \dfrac{1}{\varepsilon}\right)$ と求められるので，

$$V_{\mathrm{in}}(r) = \frac{Q}{4\pi\varepsilon r} + \frac{Q}{4\pi b}\left(\frac{1}{\varepsilon_0} - \frac{1}{\varepsilon}\right) \quad [\mathrm{V}]$$

4.7 (a) 電束密度 $D(r)$ は，半径 r [m] の球を閉曲面として，誘電率によらない式 (4.12) のガウスの法則を適用すると

$$D(r) = \frac{Q}{4\pi r^2}$$

なので，異なる誘電率 $\varepsilon_1, \varepsilon_2$ の誘電体中での各電界の大きさは $D(r) = \varepsilon E(r)$ より，

$$E(r) = \frac{Q}{4\pi\varepsilon_1 r^2} \quad \left[\frac{\mathrm{V}}{\mathrm{m}}\right] \quad (a < r < b)$$
$$= \frac{Q}{4\pi\varepsilon_2 r^2} \quad \left[\frac{\mathrm{V}}{\mathrm{m}}\right] \quad (b < r < c)$$

(b) A–B 間の電位差はつぎのように求められる。

$$V = \int_a^b \frac{Q}{4\pi\varepsilon_1 r^2}\mathrm{d}r + \int_b^c \frac{Q}{4\pi\varepsilon_2 r^2}\mathrm{d}r$$
$$= \frac{Q}{4\pi\varepsilon_1}\left(\frac{1}{a} - \frac{1}{b}\right) + \frac{Q}{4\pi\varepsilon_2}\left(\frac{1}{b} - \frac{1}{c}\right) \quad [\mathrm{V}]$$

(c) $C = Q/V$ より，

$$C = \frac{4\pi}{\dfrac{1}{\varepsilon_1}\left(\dfrac{1}{a} - \dfrac{1}{b}\right) + \dfrac{1}{\varepsilon_2}\left(\dfrac{1}{b} - \dfrac{1}{c}\right)} \quad [\mathrm{F}]$$

【演習問題 5】

5.1 $R = \rho\dfrac{l}{S}$ より，

$$\rho = \frac{RS}{l} = \frac{5 \times 1 \times 10^{-6}}{1} = 5 \times 10^{-6} \quad [\Omega \cdot \mathrm{m}]$$

5.2 電流密度 J [A/m^2] は導線のいたるところで一定であり，この場合，つぎのように求められる。

$$J = \frac{0.2}{\pi \times (10^{-3})^2} = 6.37 \times 10^4 \quad [\mathrm{A/m^2}]$$

したがって，半径 $r = 0.1$ [mm] の円断面では，つぎのように求められる。

$$I = \pi(0.1 \times 10^{-3})^2 \times 6.37 \times 10^4 = 2.00 \times 10^{-3} \quad [\mathrm{A}]$$

5.3
$$R = \rho\frac{l}{S} = \frac{2.0 \times 10^{-8} \times 30}{0.1 \times 10^{-6}} = 6.0 \quad [\Omega]$$
$$I = \frac{V}{R} = \frac{100}{6} = 16.7 \quad [\mathrm{A}]$$
$$W = RI^2 = 6.0 \times (16.7)^2 = 1.67 \times 10^3 \quad [\mathrm{W}]$$

5.4 n 個の電子が断面を通過するとすると，

$$I = \frac{\Delta Q}{\Delta t} = \frac{1.60 \times 10^{-19} \times n}{1} \quad \text{より，}$$
$$n = \frac{1}{1.60 \times 10^{-19}} = 6.25 \times 10^{18} \ [\text{個}]$$

5.5 (a) 導線の半径 $a = 0.8$ [mm] なので，

$$J = \frac{4}{\pi(0.8 \times 10^{-3})^2} = 1.99 \times 10^6 \quad [\mathrm{A/m^2}]$$

(b) n 個の電子が断面を通過するとすると

$$I = \frac{\Delta Q}{\Delta t} = \frac{ne}{\Delta t} \quad \text{より，} \quad n = \frac{I \times \Delta t}{e}$$

したがって，Δt が 1 時間では，

$$n = \frac{4 \times 60 \times 60}{1.60 \times 10^{-19}} = 9.00 \times 10^{22} \quad [\text{個}]$$

5.6 導体 A から B へ電流が流れるとすると，電流は電界方向と同じように球対称となり，電流密度は方向に依存しないことになる。半径 r [m] の球面を電界溶液中に考えると，この面を通る電流の密度 $J(r)$ [A/m^2] は，電流 I [A] を使って $J(r) = \dfrac{I}{4\pi r^2}$ と表せる。

これより，一般化されたオームの法則より電界の強さ $E(r)$ [V/m] は $E(r) = \rho J(r) = \dfrac{\rho I}{4\pi r^2}$ となる。よって，導体間の電位差 V [V] はつぎのように表せる。

$$V = -\int_b^a E(r)\mathrm{d}r = -\int_b^a \frac{\rho I}{4\pi r^2}\mathrm{d}r = \frac{\rho I}{4\pi}\left(\frac{1}{a} - \frac{1}{b}\right) \quad [\mathrm{V}]$$

したがって，電気抵抗 R はオームの法則より，

$$R = \frac{V}{I} = \frac{\rho}{4\pi}\left(\frac{1}{a} - \frac{1}{b}\right) \quad [\Omega]$$

【演習問題 6】

6.1 アンペールの法則を用いて解く。

$$\int_{\mathrm{C}} \boldsymbol{B} \cdot \mathrm{d}\boldsymbol{s} = \mu_0 I$$
$$2\pi r B = \mu_0 I$$
$$B = \frac{\mu_0 I}{2\pi r} = \frac{4\pi \times 10^{-7} \times 6 \times 10^4}{2\pi \times 50} = 2.4 \times 10^{-4} \quad [\mathrm{T}]$$

6.2 ソレノイドの単位長さ当たりの巻き数 n は

$$n = \frac{400}{0.4} = 1000$$

であるので，ソレノイド内部の磁束密度は以下になる。

$$B = \mu_0 nI = 4\pi \times 10^{-7} \times 1000 \times 2 = 2.5 \times 10^{-3} \quad [\mathrm{T}]$$

6.3 (1) 点磁荷がお互いに反発しているので，もう一方の磁荷はプラスである。

(2) 磁荷間のクーロン力の式を用いて解く。

$$F = \frac{1}{4\pi\mu_0}\frac{q_{m\mathrm{A}}q_{m\mathrm{B}}}{r^2} \quad \text{より}$$

$$r = \sqrt{\frac{1}{4\pi\mu_0}\frac{q_{m\mathrm{A}}q_{m\mathrm{B}}}{F}} = \sqrt{\frac{1}{4\pi \times 4\pi \times 10^{-7}}\frac{8 \times 10^{-4} \times 5 \times 10^{-4}}{0.4}}$$
$$= 0.25 \quad [\mathrm{m}]$$

6.4 ア） $\frac{1}{2}m_e v^2$

イ） $eV = \frac{1}{2}m_e v^2$ より

$$v = \sqrt{\frac{2eV}{m_e}}$$

ウ） $v = \sqrt{\frac{2 \times 1.6 \times 10^{-19} \times 10^3}{9.1 \times 10^{-31}}} = 1.9 \times 10^7 \quad [\mathrm{m/s}]$

エ） $r = \frac{m_e v}{eB} = \frac{9.1 \times 10^{-31} \times 1.9 \times 10^7}{1.62 \times 10^{-19} \times 2 \times 10^{-3}} = 5.3 \times 10^{-2} \quad [\mathrm{m}]$

オ） $\omega = \frac{eB}{m_e} = \frac{1.62 \times 10^{-19} \times 2 \times 10^{-3}}{9.1 \times 10^{-31}} = 3.6 \times 10^8 \quad [\mathrm{rad/s}]$

6.5 環状ソレノイドの鉄心の磁界の強さ H はアンペールの法則より

$$\int_{\mathrm{C}} \boldsymbol{H} \cdot \mathrm{d}\boldsymbol{s} = NI$$

ここで，N は巻き数である。これより

$$2\pi r H = NI, \quad H = \frac{NI}{2\pi r}$$

である。したがって，

$$B = \mu H = \frac{\mu NI}{2\pi r}$$

となる。この式を用いて磁束密度を求める。

$$B = \frac{\mu NI}{2\pi r} = \frac{2\pi \times 10^{-4} \times 750 \times 2}{2\pi \times 0.2} = 0.75 \quad [\mathrm{T}]$$

【演習問題 7】

7.1 コイルの面の法線方向と磁界の方向がなす角を $\theta(=\omega t)$ とすると，長方形コイルとの鎖交磁束数 Φ は，

$$\Phi = N\phi = N \cdot \mu_0 Hab\cos\theta = \mu_0 HNab\cos\omega t$$

よって，コイルに生じる誘導起電力 e は，

$$e = -\frac{\mathrm{d}\Phi}{\mathrm{d}t} = \mu_0 HNab\omega\sin\omega t \quad [\mathrm{V}]$$

となる。

7.2 半径に沿って中心から r の距離に $\mathrm{d}r$ の部分を考えると，その速度は $v = r\omega$ であるから，その部分が磁界を切るための誘導起電力 $\mathrm{d}e$ は，

$$\mathrm{d}e = vB\mathrm{d}r = r\omega B\mathrm{d}r \; [\mathrm{V}]$$

となる。

よって，円板の半径の両端に生じる誘導起電力 e は，

$$e = \int \mathrm{d}e = \int_0^a r\omega B\mathrm{d}r = \omega B\int_0^a r\mathrm{d}r = \frac{\omega Ba^2}{2} \quad [\mathrm{V}]$$

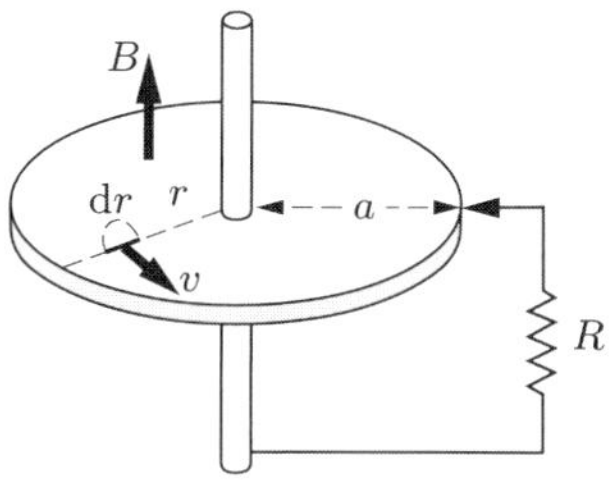

つぎに，回路に抵抗 R を入れたときに流れる電流 I は，

$$I = \frac{e}{R} = \frac{\omega Ba^2}{2R} \quad [\mathrm{A}]$$

7.3 コイルの導線との鎖交磁束数を ϕ とすると，誘導起電力 e は，

$$e = -\frac{\mathrm{d}\phi}{\mathrm{d}t} \quad [\mathrm{V}]$$

したがって，この起電力により抵抗 R に流れる電流 i は，

$$i = \frac{e}{R} = -\frac{1}{R}\frac{\mathrm{d}\phi}{\mathrm{d}t} \quad [\mathrm{A}]$$

ここで，磁石を遠ざけることにより，コイルとの鎖交磁束数が ϕ から 0 になることから，その作用により抵抗 R に流れる電流も減少する。

よって，求めるべき抵抗 R の中を通過する全電荷量 Q は，

$$Q = \int_{\phi_0}^{0} i\,\mathrm{d}t = \int_{\phi_0}^{0}\left(-\frac{1}{R}\frac{\mathrm{d}\phi}{\mathrm{d}t}\right)\mathrm{d}t$$
$$= \frac{1}{R}\int_0^{\phi_0}\mathrm{d}\phi = \frac{1}{R}[\phi]_0^{\phi_0} = \frac{\phi_0}{R} \quad [\mathrm{C}]$$

7.4 コイル 1（巻き数 N_1）に電流 I_1 を流したとき，これを貫く磁束 $\Phi_1 = L_1I_1/N_1$ が生じ，このうち $k_1\Phi_1$ の磁束がコイル 2（巻き数 N_2）を貫くとすると，

$$k_1\Phi_1 = MI_1/N_2 \qquad (0 \leqq k_1 \leqq 1)$$

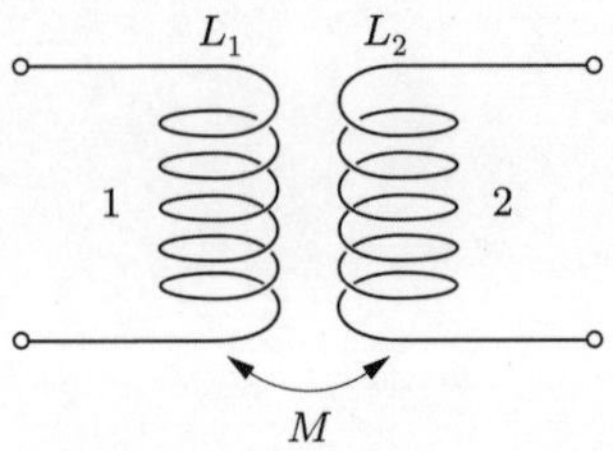

逆に，コイル 2 に電流 I_2 を流すことで生じる，コイル 2 を貫く磁束 $\Phi_2 = L_2 I_2/N_2$ のうち，

$$k_2\Phi_2 = MI_2/N_1 \qquad (0 \leqq k_2 \leqq 1)$$

がコイル 1 を貫く。

したがって，$M^2 I_1 I_2/(N_1N_2) = k_1k_2\Phi_1\Phi_2 = k_1k_2L_1L_2I_1I_2/(N_1N_2)$ となるので，

$$\therefore \quad M^2 = k_1k_2L_1L_2 = k^2L_1L_2 \qquad (0 \leqq k \leqq 1)$$

7.5 (1) ソレノイドコイル 1 に電流 I_1 が流れるとき，磁束密度はコイルの内側の領域だけに一様に生じ，その大きさは

$$B = \mu_0 N_1 I_1$$

である。ここで，$l_1 \gg l_2$ であるから，コイル 1 の内側に生じた磁束は漏れることなくコイル 2 を貫くと考えることができる。その磁束は，コイルひと巻き当たり BS_1 であり，コイル 2 全体の巻き数が N_2l_2 であるので，コイル 2 を貫く全磁束は

$$\Phi_2 = (N_2l_2)(BS_1) = (\mu_0N_1N_2l_2S_1)\, I_1$$

となる。よって，求める相互インダクタンス M は，上式右辺の I_1 の係数に等しく，

$$M = \mu_0N_1N_2l_2S_1$$

(2) コイル 1 の自己インダクタンスを L_1，コイル 1 に流れる電流を $I_1(t)$ とする。

はじめに，L_1 を求める。(1) と同様に，磁束密度 $B = \mu_0N_1I_1$，コイルひと巻き当たり BS_1 であり，コイル 1 全体の巻き数が N_1l_1 であるので，コイル 1 を貫く全磁束 Φ_1 は，

$$\Phi_1 = (N_1l_1)(BS_1) = (\mu_0N_1^2l_1S_1)\, I_1$$

となる。よって，

$$L_1 = \mu_0N_1^2l_1S_1$$

つぎに，コイル 1 に電流を流すためには，電流の時間変化によって生じる自己誘導作用に伴う誘導起電力に見合うだけの電位差を外から印加する必要がある。すなわち，

$$\phi_1(t) = L_1\frac{\mathrm{d}I_1(t)}{\mathrm{d}t}$$

である。

したがって，コイル 2 に生じる誘導起電力は，この $\phi_1(t)$ を用いて，

$$\begin{aligned}\phi_{\mathrm{em2}}(t) &= -M\frac{\mathrm{d}I_1(t)}{\mathrm{d}t} = -\frac{M}{L_1}\phi_1(t)\\ &= -\frac{\mu_0N_1N_2l_2S_1}{\mu_0N_1^2l_1S_1}\phi_1(t)\\ &= -\frac{N_2l_2}{N_1l_1}\phi_1(t)\end{aligned}$$

7.6 コイル 1，2 にそれぞれ流れる電流 $I_1(t)$，$I_2(t)$ の時間変化より，コイルには電流の変化を妨げる向きに誘導起電力が生じる。よって，コイルに電流を流すためには，その誘導起電力に見合うだけの電位差を外から印加しなければならない。すなわち，コイル 1，2 にそれぞれ印加すべき電位差は，

$$
\begin{aligned}
\phi_1(t) &= L_1\frac{\mathrm{d}I_1}{\mathrm{d}t} + M\frac{\mathrm{d}I_2}{\mathrm{d}t} \\
\phi_2(t) &= L_2\frac{\mathrm{d}I_2}{\mathrm{d}t} + M\frac{\mathrm{d}I_1}{\mathrm{d}t}
\end{aligned}
$$

である。

これらの電位差のもとで，十分に短い時間 Δt の間に $I_1(t)\Delta t$ および $I_2(t)\Delta t$ の電荷がそれぞれ移動するので，コイル 1，2 に与えられる仕事の和は，

$$
\Delta W = \bigl\{\phi_1(t)I_1(t) + \phi_2(t)I_2(t)\bigr\}\Delta t
$$

したがって，電流 $I_1(t)$，$I_2(t)$ が，時刻 $t=0$ のときにそれぞれ 0，時刻 $t=T$ のときにそれぞれ I_1，I_2 になるとすると，求めるべき磁界のエネルギー W は，ΔW を時刻 $t=0$ から T まで足し合わせた全仕事の形でコイルに蓄えられることになるので，

$$
\begin{aligned}
W &= \int_0^T \Delta W \\
&= \int_0^T \bigl\{\phi_1(t)I_1(t) + \phi_2(t)I_2(t)\bigr\}\mathrm{d}t \\
&= \int_0^T \left\{L_1\frac{\mathrm{d}I_1}{\mathrm{d}t}I_1 + M\left(\frac{\mathrm{d}I_2}{\mathrm{d}t}I_1 + \frac{\mathrm{d}I_1}{\mathrm{d}t}I_2\right) + L_2\frac{\mathrm{d}I_2}{\mathrm{d}t}I_2\right\}\mathrm{d}t \\
&= \int_0^T \left\{L_1\frac{1}{2}\frac{\mathrm{d}I_1^2}{\mathrm{d}t} + M\frac{\mathrm{d}}{\mathrm{d}t}\bigl(I_1I_2\bigr) + L_2\frac{1}{2}\frac{\mathrm{d}I_2^2}{\mathrm{d}t}\right\}\mathrm{d}t \\
&= \left[\frac{1}{2}L_1\bigl\{I_1(t)\bigr\}^2 + MI_1(t)I_2(t) + \frac{1}{2}L_2\bigl\{I_2(t)\bigr\}^2\right]_0^T \\
&= \frac{1}{2}L_1I_1^2 + MI_1I_2 + \frac{1}{2}L_2I_2^2
\end{aligned}
$$

$$
\left(\because \frac{\mathrm{d}I^2}{\mathrm{d}t} = 2\frac{\mathrm{d}I}{\mathrm{d}t}I \Longrightarrow \frac{\mathrm{d}I}{\mathrm{d}t}I = \frac{1}{2}\frac{\mathrm{d}I^2}{\mathrm{d}t}\right)
$$

【演習問題 8】

8.1 ここでは，積分型のマクスウェル方程式を用いて考える。

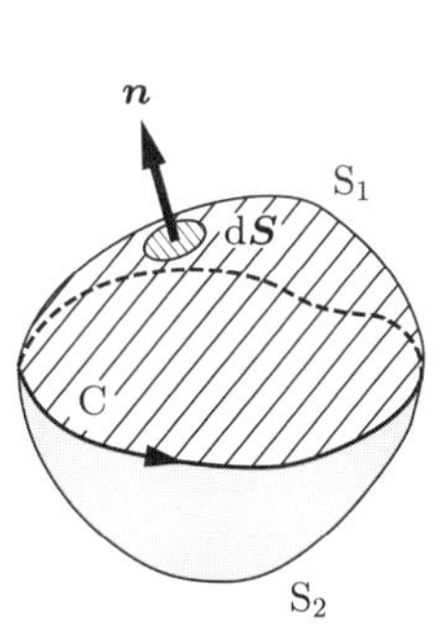

右図に示すように，閉曲線 C を周辺とする曲面 $\mathrm{S_1}$ と $\mathrm{S_2}$ を考え，これらが空間に固定されているとする。アンペール・マクスウェルの法則（式 8.10）をこの閉曲線に適用すると，

$$
\int_{\mathrm{S_1}}\left(\boldsymbol{J} + \frac{\partial\boldsymbol{D}}{\partial t}\right)\cdot\boldsymbol{n}\,\mathrm{d}\boldsymbol{S} = \int_{\mathrm{S_2}}\left(\boldsymbol{J} + \frac{\partial\boldsymbol{D}}{\partial t}\right)\cdot\boldsymbol{n}\,\mathrm{d}\boldsymbol{S} = \int_{\mathrm{C}}\boldsymbol{H}\cdot\mathrm{d}\boldsymbol{s}
$$

図に示すように C を回る向きをとったとき，$\mathrm{S_2}$ における面の向きは $\mathrm{S_1}$ と $\mathrm{S_2}$ からつくられる閉曲面 S の内側に向いている。そこで，$\mathrm{S_2}$ におい

ては，面の向きを変えて外向きにとると，

$$\int_{S_1}\left(\boldsymbol{J}+\frac{\partial \boldsymbol{D}}{\partial t}\right)\cdot \boldsymbol{n}\,\mathrm{d}\boldsymbol{S} = -\int_{S_2}\left(\boldsymbol{J}+\frac{\partial \boldsymbol{D}}{\partial t}\right)\cdot \boldsymbol{n}\,\mathrm{d}\boldsymbol{S}$$

$$\therefore \quad \int_{S}\left(\boldsymbol{J}+\frac{\partial \boldsymbol{D}}{\partial t}\right)\cdot \boldsymbol{n}\,\mathrm{d}\boldsymbol{S} = 0$$

閉曲面 S は固定されているから，時間微分と空間積分は交換可能であるので，

$$\int_{S}\boldsymbol{J}\cdot\boldsymbol{n}\,\mathrm{d}\boldsymbol{S} = -\frac{\mathrm{d}}{\mathrm{d}t}\int_{S}\boldsymbol{D}\cdot\boldsymbol{n}\,\mathrm{d}\boldsymbol{S}$$

上式の右辺に電束密度に関するガウスの法則（式 (8.7)）を代入して，

$$\int_{S}\boldsymbol{J}\cdot\boldsymbol{n}\,\mathrm{d}\boldsymbol{S} = -\frac{\mathrm{d}}{\mathrm{d}t}\int_{V}\rho\,\mathrm{d}V$$

となり，電荷保存の法則が導かれる。ここで，V は S で囲まれた領域を示す。

8.2 円柱導体の半径を R，長さを L とすると，導体内（表面を含む）での電界 E および導体表面での磁界 H は，それぞれ

$$E = \frac{V}{L} = \frac{RI}{L}$$

$$H = \frac{I}{2\pi R}$$

の値で一定である。

このとき，電界 $\boldsymbol{E}$ の方向は電流の方向，磁界 $\boldsymbol{H}$ の方向は軸に垂直な円柱表面の接線の方向であるため，ポインティングベクトル $\boldsymbol{E}\times\boldsymbol{H}$ の向きは，それぞれに対して垂直な軸に向かう内向きになる。

よって，その大きさは，ポインティングベクトルの法線方向成分 $(\boldsymbol{E}\times\boldsymbol{H})_n$ の導体表面 S での面積分により求めることができ，

$$\begin{aligned}\int_{S}(\boldsymbol{E}\times\boldsymbol{H})_n\,\mathrm{d}S &= \int_{S}EH\sin\frac{\pi}{2}\,\mathrm{d}S\\ &= EH\int_{S}\mathrm{d}S\\ &= \frac{RI}{L}\cdot\frac{I}{2\pi R}\cdot(2\pi R\cdot L)\\ &= I^2R\end{aligned}$$

となり，ジュール熱に等しい。

8.3 この場合，電極間には一様に変位電流が流れる。そのときに発生する電界 $E(t)$ は，電極の面電荷密度 $\sigma(t)$ を用いたうえでガウスの法則を適用して求めると，

$$E(t) = \frac{\sigma(t)}{\varepsilon_0} = \frac{1}{\varepsilon_0}\frac{Q(t)}{\pi R^2} = \frac{Q(t)}{\pi\varepsilon_0 R^2}$$

このとき，ギャップ間の半径 r $(< R)$ での磁界 $H(r,t)$ は，アンペール・マクスウェルの法則から，

$$
\begin{aligned}
H(r,t) &= \frac{I(r,t)}{2\pi r} = \frac{1}{2\pi r}\left[\frac{\pi r^2}{\pi R^2} I(t)\right] \\
&= \frac{r}{2\pi R^2} I(t) \\
&= \frac{r}{2\pi R^2} \frac{\mathrm{d}Q(t)}{\mathrm{d}t}
\end{aligned}
$$

よって，ギャップ間の半径 r $(< R)$ でのポインティングベクトル $S(r,t)$ は，

$$
\begin{aligned}
S(r,t) &= E(t)H(r,t)\ \sin\frac{\pi}{2} \\
&= \frac{Q(t)}{\pi R^2 \varepsilon_0} \times \frac{r}{2\pi R^2} \frac{\mathrm{d}Q(t)}{\mathrm{d}t} \times 1 \\
&= \frac{r}{2\varepsilon_0 \left(\pi R^2\right)^2} Q(t) \frac{\mathrm{d}Q(t)}{\mathrm{d}t} \\
&= \frac{r}{4\varepsilon_0 \left(\pi R^2\right)^2} \frac{\mathrm{d}Q^2(t)}{\mathrm{d}t}
\end{aligned}
$$

8.4 いま，太陽の放射エネルギーを，電磁波の強度（電磁波のエネルギー流れを表すポインティングベクトルの平均値）$\langle S \rangle$ と考えると，

$$
\begin{aligned}
\langle S \rangle &= 1.36\ [\mathrm{kW/m^2}] = 1.36 \times 10^3\ [\mathrm{W/m^2}] \\
&= 1.36 \times 10^3\ [\mathrm{J/(m^2 \cdot s)}]
\end{aligned}
$$

このとき，式 (8.57) から，電磁波の電界の振幅 E_0 を求めると，

$$
\begin{aligned}
E_0 &= \sqrt{\frac{2\langle S \rangle}{\varepsilon_0 c}} \\
&= \sqrt{\frac{2 \times 1.36 \times 10^3\ [\mathrm{J/(m^2 \cdot s)}]}{8.854 \times 10^{-12}\ [\mathrm{F/m}] \times 2.997 \times 10^8\ [\mathrm{m/s}]}} \\
&\approx 1.01 \times 10^3\ [\mathrm{V/m}]
\end{aligned}
$$

となる。ここで，真空の誘電率 $\varepsilon_0 = 8.854 \times 10^{-12}$ [F/m]，および真空中での光速 $c = 2.997 \times 10^8$ [m/s] を用いた。

電磁波の磁束密度の振幅 B_0 は，式 (8.48) から，

$$
\begin{aligned}
B_0 &= \frac{E_0}{c} = \frac{1.01 \times 10^3\ [\mathrm{V/m}]}{2.997 \times 10^8\ [\mathrm{m/s}]} \\
&\approx 3.37 \times 10^{-6}\ [\mathrm{T}]
\end{aligned}
$$

と求められる。

参考文献

中山正敏『電磁気学』裳華房 (2013)

松下 貢『物理学講義 電磁気学』裳華房 (2014)

生駒英明，小越澄雄，村田雄司『工科の電磁気学』培風館 (2013)

砂川重信『電磁気学 初めて学ぶ人のために』培風館 (2012)

岸野正剛『基本から学ぶ電磁気学』電気学会 (2008)

山村泰道，北川盈雄『電磁気学演習 [新訂版]』サイエンス社 (2004)

平井紀光『やくにたつ電磁気学［第 3 版]』ムイスリ出版 (2011)

斉藤幸喜，宮代彰一，高橋 清『新版 電磁気学の基礎』森北出版 (2008)

前田和茂，小林俊雄『ビジュアルアプローチ 電磁気学』森北出版 (2009)

新井宏之『基本を学ぶ電磁気学』オーム社 (2011)

長岡洋介『電磁気学 I』岩波書店 (1982)

長岡洋介『電磁気学 II』岩波書店 (1983)

砂川重信『電磁気学［改訂版]』培風館 (1997)

後藤俊夫 他『電気磁気学』昭晃堂 (1993)

後藤憲一，山崎修一郎 共編『詳解 電磁気学演習』共立出版 (1970)

山口勝也『詳解 電気磁気学例題演習』コロナ社 (1971)

長岡洋介，丹慶勝市『例解 電磁気学演習』岩波書店 (1990)

小出昭一郎 編『電磁気学演習』裳華房 (1981)

熊谷寛夫，荒川泰二『電磁気学』朝倉書店 (1969)

山田直平，桂井 誠『電磁気学』電気学会 (2002)

岡崎 誠『電磁気学入門』裳華房 (2005)

永田一清『電磁気学』朝倉書店 (1981)

索　引

ま行

や行

ら行

著者紹介

脇田　和樹（わきた　かずき）

1984 年　大阪府立大学大学院工学研究科電気工学専攻 博士後期課程 単位取得退学
1987 年　大阪府立大学工学部電気工学科 助手，その後講師，助教授を経て
2007 年　千葉工業大学工学部電気電子情報工学科 教授（博士（工学））
2020 年　千葉工業大学工学部電気電子工学科 退職
主要著書:「電子デバイス入門」（日新出版，2009）

小田　昭紀（おだ　あきのり）

2001 年　北海道大学大学院工学研究科電子情報工学専攻 修了（博士（工学））
2001 年　名古屋工業大学工学部生産システム工学科 助手
2007 年　名古屋工業大学大学院工学研究科 助教
2011 年　千葉工業大学工学部電気電子情報工学科 准教授，その後教授を経て
現　在　千葉工業大学工学部電気電子工学科 教授
主要著書:「大気圧プラズマ―基礎と応用」（オーム社，2009）
「現代電気電子材料」（コロナ社，2013）
「ドライプロセスによる表面処理 薄膜形成の応用」（コロナ社，2016）

清水　邦康（しみず　くにやす）

2008 年　明治大学大学院理工学研究科電気工学専攻 修了（博士（工学））
2009 年　千葉工業大学工学部電気電子情報工学科 助手，その後助教，准教授を経て
現　在　千葉工業大学工学部情報通信システム工学科 教授

2017 年　4 月 23 日　　初 版　第 1 刷発行
2024 年 10 月 11 日　　初 版　第 4 刷発行

わかりやすい電磁気学

著　者　脇田和樹／小田昭紀／清水邦康　©2017
発行者　橋本豪夫
発行所　ムイスリ出版株式会社

〒169-0075
東京都新宿区高田馬場 4-2-9
Tel.03-3362-9241(代表)　Fax.03-3362-9145
振替 00110-2-102907

ISBN978-4-89641-258-1　C3054